DUOLINGQI GANGJIEGOU
KANGZHEN XINGNENG YOUHUA SHEJI YU JIANCE JIAGU

多龄期钢结构
抗震性能、优化设计与检测加固

王晓飞 著

化学工业出版社

·北京·

本书主要介绍了酸性大气环境下钢材、钢框架柱及钢框架结构的抗震性能，酸性大气环境下钢框架结构性能化全寿命抗震优化设计方法，钢结构梁柱节点抗震优化设计措施，以及钢结构损伤检测与加固方法等内容。

本书注重材料、构件和结构试验现象与规律的阐述，受力机理的解释以及设计计算理论与方法的叙述，可供从事土木工程专业的研究、设计和施工人员以及高等院校相关专业的师生参考。

图书在版编目（CIP）数据

多龄期钢结构抗震性能、优化设计与检测加固／王晓飞著. —北京：化学工业出版社，2020.5（2023.1重印）
ISBN 978-7-122-36340-4

Ⅰ.①多… Ⅱ.①王… Ⅲ.①建筑结构-钢结构-抗震性能-研究 Ⅳ.①TU391

中国版本图书馆 CIP 数据核字（2020）第 034372 号

责任编辑：徐　娟　　　　　　文字编辑：冯国庆
责任校对：王鹏飞　　　　　　装帧设计：韩　飞

出版发行：化学工业出版社（北京市东城区青年湖南街 13 号　邮政编码 100011）
印　　装：河北鑫兆源印刷有限公司
710mm×1000mm　1/16　印张 13　字数 198 千字　2023 年 1 月北京第 1 版第 3 次印刷

购书咨询：010-64518888　　　　　售后服务：010-64518899
网　　址：http://www.cip.com.cn
凡购买本书，如有缺损质量问题，本社销售中心负责调换。

定　　价：84.00 元

前言

　　钢结构建筑的多少，标志着一个国家或一个地区的经济实力和经济发达程度。进入 2000 年以后，我国国民经济显著增长，国力明显增强，成为世界钢产量大国，在建筑中提出要"积极、合理地用钢"，从此甩掉了"限制用钢"的束缚，钢结构建筑在经济发达地区逐渐增多。特别是 2008 年前后，在奥运会的推动下，出现了钢结构建筑热潮，强劲的市场需求，推动钢结构建筑迅猛发展，建成了一大批钢结构场馆、机场、车站和高层建筑。在钢结构广泛应用的背景下，由腐蚀带来的耐久性问题也变得越发严重。而 21 世纪以来，全球 8 级以上强震的次数较此前的 40 年明显增多。腐蚀钢结构一旦遇到地震，其可靠性将大大降低。所以钢结构在设计之初就应考虑其在服役期内的地震损伤与锈蚀损伤，以提高设计结构的可靠度，并在后期维护当中对其进行合理有效的检测评估与加固。

　　本书全面、系统地介绍了多龄期钢结构的力学性能、优化设计方法、梁柱节点抗震措施及检测加固手段，包括锈蚀对钢材力学性能、钢框架柱抗震性能、钢框架结构抗震性能的影响，锈蚀钢框架结构地震损伤模型、恢复力模型及概率地震易损性模型，钢框架结构基于损伤可靠度的全寿命抗震优化设计，钢结构梁柱节点抗震优化设计，损伤钢结构的检测评估与加固。

　　本书可供从事土木工程专业的研究、设计和施工人员以及高等院校相关专业的师生参考。

　　由于著者水平有限，书中不足之处在所难免，希望广大读者批评指正。

著者

2020 年 1 月

目录

第3章　酸性大气环境下钢框架柱抗震性能试验及恢复力模型　　47

第4章　酸性大气环境下多龄期钢框架地震模拟振动台试验　　80

第  章　绪　论

1.1　钢结构体系在我国的应用及前景

钢结构是由钢制材料组成的结构，是主要的建筑结构类型之一。因其具有强度高、自重轻、整体刚度好、变形能力强等优点，被广泛应用于我国的建筑行业中，尤其适用于建造大跨度和超高、超重型的建筑物。我国虽然早期在铁结构方面有卓越的成就，但由于 2000 多年的封建制度的束缚，科学不发达，因此，长期停留于铁制建筑的水平。直到 19 世纪末，我国才开始采用现代化钢结构。新中国成立后，钢结构的应用有了很大的发展，无论在数量上或是质量上都远远超过了过去，在设计、制造和安装等技术方面都达到了较高的水平，掌握了各种复杂建筑物的设计和施工技术，在全国各地已经建造了许多规模巨大而且结构复杂的钢结构厂房、大跨度钢结构民用建筑及铁路桥梁等，例如我国陕西秦始皇兵马俑陈列馆的三铰钢拱架（图 1.1）、北京鸟巢（图 1.2）、央视大楼（图 1.3）、地王大厦（图 1.4）等。

图 1.1　陕西秦始皇兵马俑陈列馆的
　　　　三铰钢拱架

图 1.2　北京鸟巢

图 1.3　央视大楼

图 1.4　地王大厦

在目前的国内建筑中，新建的厂房、高档写字楼、体育场馆、机场候机楼和会展中心应用钢结构建筑的比例较高。从 2008 年的四川汶川地震、2010 年的青海玉树地震开始，人们开始较多地关注钢结构良好的抗震性能，钢结构广泛应用于民用住宅成为趋势。

随着国家建设节约型社会战略决策的实施，发展节能型住宅越来越受到中央以及地方的重视，北京、上海、广东、浙江等地都建造了大量的低层、多层、高层钢结构住宅试点示范工程，体现了钢结构住宅发展的良好势头。住房和城乡建设部也组织了 36 项钢结构住宅体系及关键技术研究课题，开展试点工程，并出台《钢结构住宅设计规程》（CECS 261—2009），为钢结构在住宅体系全面铺开出台了行业标准。有专家认为，钢结构具有绿色、节能、环保功能，将成为我国住宅建筑的发展趋势。

1.2　一般大气环境下在役钢结构的腐蚀问题及震害情况

普通钢材的抗腐蚀性极差，尤其是处于湿度较大、具有腐蚀性介质的环境中。腐蚀使钢结构构件净截面减损，降低结构承载力，尤其是因腐蚀产生的"锈坑"，使钢结构产生脆性破坏的可能性增大，在影响安全性的同时也将严重影响钢结构的耐久性与可靠性。据有关资料统计，全世界约 1/10 的钢结构因腐蚀而报废，据某些先进工业国家对钢铁腐蚀损失的调查发现，因腐蚀所产生的损耗费用占钢材总产值的 2%～4.2%。即便在钢结构表面做防护，钢结构的锈蚀也不可避免。在役钢结构锈蚀情况如图 1.5 所示。

(a) 锈蚀钢节点

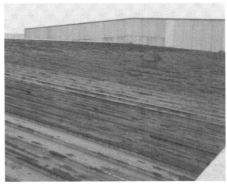
(b) 锈蚀彩钢板屋顶

(c) 锈蚀柱脚

图1.5 在役钢结构锈蚀情况

　　近年来，全球地震频发，例如1960年的智利大地震、1964年的美国阿拉斯加大地震、1976年的唐山大地震以及2008年的汶川大地震。以上地震造成众多人员伤亡及大量建筑物的损毁，产生了巨大的经济损失。在众多地震中对钢结构抗震性能起到检验作用的是1994年的美国北岭地震和1995年的日本阪神地震。北岭地震造成100多栋钢结构出现破坏，而阪神地震中，震害严重的神户中央区，损坏的钢结构房屋就有1000多栋，倒塌的超过50栋。

　　地震作用将给钢结构建筑造成塑性变形增大、钢结构刚度减小等损伤。而大多数钢结构建筑在使用年限内将一直受到环境作用，在此基础上，如果再有地震发生，钢结构建筑发生倒塌的可能性将会更大。因此，对具有一定服役年限的锈蚀钢结构进行抗震性能研究（即建立钢结构抗震性能随锈蚀程度增大的退化规律）是十分必要的。

1.2.1　腐蚀对钢材力学性能的影响

国内外研究学者通过室内加速腐蚀试验、现场拆除的试件以及数值模拟方法对钢筋和钢结构的耐腐性能做了大量研究，得出以下结论。

① 随着腐蚀程度的加剧，钢筋的失重率逐渐增大，应力-应变曲线的变化明显表现为曲线降低、屈服点下降、峰值应力对应的应变减小及屈服台阶不明显等特征，其降低程度与腐蚀程度成正比。钢结构在腐蚀条件下其极限强度、屈服强度、伸长率等基本力学性能指标随腐蚀程度加剧而急剧降低。

② 腐蚀后钢筋性能主要受以下因素影响：腐蚀造成钢筋平均截面面积减小；不均匀腐蚀形成的锈坑处易产生应力集中且随锈蚀率增加应力集中现象越趋明显；同时腐蚀引起了钢筋内部结构组织变化使钢筋的材质发生明显变化。

③ 钢筋力学性能的降低可能是以上三个因素中的某一个或某两个因素起作用，也可能是这三个因素共同作用的结果。

此外，针对腐蚀后钢筋力学性能指标与失重率的关系，国内外研究学者还提出了相应的回归模型，给出了两者之间的一个定量关系。

1998 年，H. S. Lee、T. Noguchi 与 E. Tomosawa 给出了均匀腐蚀下钢筋的屈服强度、弹性模量与失重率的关系式，见式(1.1) 所示。

$$\begin{cases} \dfrac{f'_y}{f_y} = 1 - 0.24D_w \\ \dfrac{E'_s}{E_s} = 1 - 0.75D_w \end{cases} \quad (1.1)$$

式中，f'_y、f_y 为未腐蚀和腐蚀钢筋的屈服强度；E'_s、E_s 为未腐蚀和腐蚀钢筋的弹性模量；D_w 为钢筋失重率。

2002 年，沈德建等对大气环境中锈蚀钢筋混凝土梁中不同腐蚀程度的钢筋进行了试验研究，并对试验结果进行统计回归得到了锈蚀一级钢筋和二级钢筋屈服强度、极限强度及伸长率三个力学性能指标与失重率的关系式，见式(1.2) 和式(1.3)。

$$\begin{cases} \dfrac{f_{\mathrm{yc}}^{1}}{f_{\mathrm{y}}^{1}} = \dfrac{1-1.004D_{\mathrm{w}}}{1-D_{\mathrm{w}}} \\[3mm] \dfrac{f_{\mathrm{uc}}^{1}}{f_{\mathrm{u}}^{1}} = \dfrac{1-1.267D_{\mathrm{w}}}{1-D_{\mathrm{w}}} \\[3mm] \dfrac{\delta_{\mathrm{c}}^{1}}{\delta^{1}} = 1-1.941D_{\mathrm{w}} \end{cases} \tag{1.2}$$

$$\begin{cases} \dfrac{f_{\mathrm{yc}}^{2}}{f_{\mathrm{y}}^{2}} = \dfrac{1-1.272D_{\mathrm{w}}}{1-D_{\mathrm{w}}} \\[3mm] \dfrac{f_{\mathrm{uc}}^{2}}{f_{\mathrm{u}}^{2}} = \dfrac{1-1.265D_{\mathrm{w}}}{1-D_{\mathrm{w}}} \\[3mm] \dfrac{\delta_{\mathrm{c}}^{2}}{\delta^{2}} = 1-2.427D_{\mathrm{w}} \end{cases} \tag{1.3}$$

式中，f_{y}^{1}、f_{yc}^{1} 为腐蚀前与腐蚀后一级钢筋屈服强度；f_{u}^{1}、f_{uc}^{1} 为腐蚀前与腐蚀后一级钢筋的极限强度；δ^{1}、δ_{c}^{1} 为腐蚀前与腐蚀后一级钢筋的伸长率；f_{y}^{2}、f_{yc}^{2} 为腐蚀前与腐蚀后二级钢筋的屈服强度；f_{u}^{2}、f_{uc}^{2} 为腐蚀前与腐蚀后二级钢筋的极限强度；δ^{2}、δ_{c}^{2} 为腐蚀前与腐蚀后二级钢筋的伸长率。

2006 年，李昊等对从服役 40 年的厂房屋面板中提取的 12 根不同腐蚀程度的试样进行了拉伸试验，得到了钢筋腐蚀后伸长率与失重率的关系。

$$\frac{\delta'}{\delta} = 1.2752 - 1.5590D_{\mathrm{w}} \tag{1.4}$$

式中，δ 为钢筋最小允许伸长率；δ' 为钢筋腐蚀后的伸长率。

史炜洲基于腐蚀钢材力学性能试验，运用最小二乘法对试验结果进行回归，得到了 Q235B 钢材屈服强度、极限强度与其锈蚀率之间的关系。

$$\frac{f_{\mathrm{y},\eta}}{f_{\mathrm{y}}} = 1 - 0.9852\eta \tag{1.5}$$

$$\frac{f_{\mathrm{u},\eta}}{f_{\mathrm{u}}} = 1 - 0.9732\eta \tag{1.6}$$

$$\eta = \frac{A_{t}}{A_{0}} \tag{1.7}$$

式中，f_{y}、$f_{\mathrm{y},\eta}$ 为钢材锈蚀前后的屈服强度；f_{u}、$f_{\mathrm{u},\eta}$ 为钢材锈蚀前后的极限强度；η 为钢材锈蚀率；A_{0} 为构件设计截面面积；A_{t} 为构件在一定服役龄期 t 时构件截面锈蚀面积。

陈露针对钢结构使用的不同环境，运用五种室内加速腐蚀方法（酸性土壤、盐性土壤、酸性大气、盐性大气和湿热循环），探讨了不同环境条件下钢结构锈蚀规律，建立了不同腐蚀条件下钢材各项力学指标与锈蚀率的退化关系。

钢材构件伸长率 y_1 与锈蚀率 x 的关系。

$$y_1 = 0.1e^{-1.15x} + 1.38 \tag{1.8}$$

钢材构件屈服强度 y_2 与锈蚀率 x 的关系。

$$y_2 = 271.9 - 1.79x \tag{1.9}$$

钢材构件极限强度 y_3 与锈蚀率 x 的关系。

$$y_3 = 432.8 - 7.85x \tag{1.10}$$

上述研究成果已基本揭示了不同环境作用下腐蚀钢筋或钢材力学性能的退化规律，但其研究仅限于试验层面，没有将试验研究成果进一步应用到实际锈蚀钢结构中。要想进一步进行实际应用，首先需要解决试验锈蚀程度与实际钢结构锈蚀年限的对应问题。

1.2.2 腐蚀钢结构构件力学性能的影响

目前国内外学者对腐蚀钢构件或结构力学性能的研究较少，即使有也大都集中于船舶及钢结构大桥、海洋平台等特种结构，在钢结构建筑住宅领域却鲜有报道。

日本学者 Yamamoto 一直致力于坑蚀构件承载力的研究，并且创造性地采用人工打孔方法模拟自然锈坑。

文献［14］沿用文献［8］的人工打孔方法对工字梁腹板不同位置进行人工锈蚀，通过一系列的 4 点弯曲测试对腹板锈蚀部位不同时引起的承载力改变及构件变形进行了详细的探讨，并得到坑蚀的极限荷载值等于或略小于普通腐蚀的极限荷载值的结论。

L. V. Beaulieu 等对 16 根角钢构件进行了不同程度的腐蚀，然后对以上 16 根试件及另外 8 根未锈蚀试件进行受压试验，分析了锈蚀程度对抗压性能的影响，并与考虑质量损失的分析方法进行了对比。

钟宏伟运用 ANSYS 分析软件模拟了锈蚀 H 型钢柱偏心受压承载性能，探讨了锈蚀 H 型钢柱偏心受压性能的退化规律，对比了不同情况下 H 型钢柱的承载能力。

潘典书研究分析了钢结构涂层的大气腐蚀特性，通过钢材材性试验及锈蚀 H 型钢梁受弯承载性能试验，揭示锈蚀 H 型钢梁受弯性能退化规律，并用等效缺陷面积建立了锈蚀 H 型钢构件受弯承载力退化模型。

白桦通过对自然暴露锈蚀的槽钢梁进行受弯承载性能试验，并结合 ANSYS 分析软件，揭示锈蚀对槽钢简支梁受力性能的影响。

Koji Takahashi 和 Kotoii Andoa 等对一个长 1.2m 的局部锈蚀的钢管试件通过足尺试验和数值模拟，得到局部腐蚀区域形状和应力状态的差异会导致试件发生不同形式的破坏的结论。

赵贞欣等对一个服役时间将近 70 年的 2 万立方米的钢结构煤气柜进行了检测和安全评估。分析时将试件截面减去 1mm 的锈蚀厚度，材料强度通过实际试验得到。分析表明试件的强度和稳定性已经超出了钢结构规范的限值。

李永杰等对某厂房锈蚀后的网架结构进行了分析。将受力试件截面削弱，运用数值分析方法分析其受力和变形。计算表明：腐蚀对网架结构的影响程度主要由结构自身特性决定。

孔正义以无涂层钢结构为研究对象，采用干湿交替、酸雾复合法和恒温恒湿法对试件进行快速腐蚀试验，研究了分形维数与疲劳寿命之间的关系，建立了一种新的疲劳寿命预测方法。

除此之外，我国目前对钢结构锈蚀构件及结构抗震性能的研究较少，因此尚需开展这方面的研究工作。

1.3 地震易损性分析理论的发展

地震易损性是指在不同强度地震作用下结构发生各种破坏状态的概率，它从概率的意义上定量地刻画了工程结构的抗震性能，从宏观的角度描述了地震动强度与结构破坏程度之间的关系。结构的地震易损性分析对于预测结构的抗震性能、进行结构的抗震设计、加固和维修决策具有重要的应用价值。目前，地震易损性分析已经成为地震工程界和结构工程界的热点研究领域，国内外学者也对其进行了大量的研究。

地震易损性的研究最早起源于 20 世纪 70 年代初核电站的地震概率风险评估。通过对经验易损性评估方法的校正和处理，地震易损性作为地震动强度的函数首次运用于结构的评估。当时最具代表性的研究有：Ghiocel 等对美国东部地区的核电站考虑土-结构相互作用进行了地震反应分析和易损性评定；Ozaki 等针对日本核反应堆建筑的地震易损性分析，提出了改进的响应系数方法以考虑非线性效应及其变异特性；Kazuta 等在对快速核反应堆建筑进行易损性分析时考虑了结构抗力的随机性；Bhargava 和 Kapilesh 等对核电站中的贮水罐进行了易损性评定；Yamaguch 则对核反应堆的管道系统进行了地震易损性研究，并获得很好的效果；美籍华人学者黄洪谋等将地震易损性分析应用到了电力系统中变电站设备的安全评定中。

黄洪谋在建筑结构领域较早地开始了地震易损性的研究工作。其与合作者先后针对钢框架结构、钢筋混凝土框架结构和平板结构等进行了大量的地震易损性分析。Ellingwood 对基于可靠度的概率设计、建筑结构的地震易损性和风险分析做出了很大的贡献，他与其博士生 J. L. Song 研究了各种形式的焊接结构对特殊抗弯钢框架的抗震可靠性和地震易损性的影响；与 Rosowaky 等合作，在性能设计理论的框架下针对木结构在地震和风荷载作用下的易损性进行了系统深入的研究；此外，他还和 Y. K. Wen 研究了易损性评定在"基于后果的工程"中的应用。Der Kiureghian 系统地研究了各种不确定性因素对建筑结构地震易损性的影响，与其学生 Sasani 建立了钢筋混凝土剪力墙的概率位移需求与能力模型，应用 Bayes 统计推断技术对钢筋混凝土剪力墙地震易损性的不确定性进行了评估；与 Gardoni 等合作，根据大量的试验数据，建立了钢筋混凝土柱子的概率能力模型，并对其地震易损性进行了估计。

欧洲一些国家的学者也开展了一系列针对普通建筑结构的地震易损性研究。意大利学者 Schotanus 等研究了三维钢筋混凝土框架结构的地震易损性。英国学者 Rossetto 等根据大量观测数据，建立了欧洲地区钢筋混凝土结构的经验易损性曲线；Dymiotis 等对钢筋混凝土框架结构的抗震可靠度以及砌体填充墙对地震易损性的影响进行了研究。马其顿学者 Dumova-Jovanoska 研究了马其顿地区钢筋混凝土结构的地震易损性。保加利亚学者 Dimova 等则对按照欧洲规范 Eurocode 设计的工业框架结构的地震易损性进行了评定。

与国外相比，国内学者对结构地震易损性分析的研究起步较晚，主要是针对量大面广的建筑结构进行经验性分析，并往往与震害预测联系在一起。

国内学者在一些量大面广的建筑结构的地震易损性研究上做了大量的工作。杨玉成等早在20世纪80年代初期就对多层房屋的易损性及其震害预测做过较为系统的研究，并在此基础上，通过和美国斯坦福大学Blume地震工程中心的合作，利用三年多时间开发了关于多层砌体房屋震害预测的专家系统PDSMSMBE。在同一时期，高小旺、钟益树等开始研究底层全框架砖房以及钢筋混凝土框架房屋的震害预测问题，虽然没有明确提出易损性的概念，但是他们已经开始计算在不同地震烈度下结构失效的概率问题。尹之潜教授通过大量的震害调查数据和试验数据，建立了结构破坏状态与超越强度倍率和延伸率的关系，并针对砖砌体房屋、厂房的排架结构以及多层钢筋混凝土结构进行了多年系统的地震易损性研究工作，形成了比较有特色的一整套关于结构易损性、地震危险性核地震损失估计的理论，为后来学者提供了一种了解普通结构易损性的简易方法。

国内普通建筑结构的易损性研究大部分与城市的震害预测和防震减灾工作联系在一起。赵少伟等通过对不同的结构形式采用不同的易损性分析方法，建立了河北省一个城市中六类建筑在7~9度地震烈度下的震害预测矩阵。宋立军等在前人建立的易损性矩阵的基础上结合当地的结构情况，建立了新疆石河子市的易损性矩阵。常业军、吴曙光采用重要抽样的确定性的易损性分析方法，建立了安徽省合肥市底层框架砖房的震害预测矩阵。于红梅等以我国台湾集集地震的震害资料为基础，利用统计分析的方法，分析了房屋破坏的数量、震中距、地表加速度之间的关系，对集集地震做了初步的易损性分析。钟德理和冯启民提出了易损性指数的概念，并将地震动参数作为输入参数，以绘制建筑物平均易损性指数曲线来评价城市建筑的总体抗震性能。常业军、吴明友利用合肥市的建筑抗震资料，采用易损性分析对合肥市中的各类建筑的易损性分析结果进行比较，得到了关于结构抗震性能的评价结果。王薇等在结构的地震易损性分析中考虑了社会和经济等因素，以进行小城镇的灾害易损性的分析和评估。

近年来，国内学者在单体建筑的解析易损性分析上也取得了一定的成果。张令心等采用拉丁超立方体抽样技术，利用多自由度滞变体系的时程分析方法，对多层住宅砖房的地震易损性进行了研究。于德湖、王焕定对配筋砌体结构的地震易损性进行了初步研究。成小平等以多层建筑砖房为例，利用他们提出的神经网络模型，对多层建筑砖房进行了地震易损性研究。温增平等考虑地震环境和局部场地影响，对钢筋混凝土房屋的地震易损性进行了分析。田军伟对砖砌体结构的地震易损性进行了研究，并以离散的易损性矩阵的形式表示其研究结果。楼思展等采用商业化软件SAP2000，对上海浦东某医院768Ⅱ监测院的钢筋混凝土框架结构进行了非线性动力时程分析，并以延性破坏指标和强度破坏指标，分别绘制了不同地震烈度下建筑物的易损性曲线。乔亚玲等开发了建筑物易损性分析计算系统。陶正如、陶夏新结合性能设计思想，以地震动参数作为输入，研究了根据地震易损性矩阵进行参数反演建立地震易损性曲线的方法。吕大刚等将可靠度引入了结构易损性分析中，并以钢框架结构作为分析对象，进行了基于可靠度的整体和局部易损性分析，同时还将结构地震易损性分析置于风险分析的框架下，考虑了结构地震易损性分析中包含的随机性信息。

综上可以看出，国内外对于各类结构易损性的研究比较多，而研究方向主要集中在易损性分析方法、工程应用及不确定性上，所得各种结构的易损性曲线只适用于新建建筑物，没有考虑服役龄期对结构地震易损性的影响，对于钢结构，确切地说，是没有考虑腐蚀对结构地震易损性的影响。

1.4 结构优化设计理论的发展

结构优化设计概念是20世纪60年代提出来的，经过国内外学者50多年不断探索与研究，优化设计的基本理论、方法及其相关技术已趋于成熟。目前有力学准则设计与数学规划设计两条主要途径，后者又可分为线性、非线性和几何规划设计。数学规划设计通用性较强，适用于组合材料与结构性能表征和一体化多目标整体优化，其中几何规划设计特别适用于目标函数与约束函数的非线性程度高及变量和约束较多的复杂结构优化问题。从提高优化效果与效率目标出发，近20年来，国内外学者在优化技巧与优化策略方面进行了广泛的研究，提出了将模糊优化转化为普通优化，将多目标转化为单目标优化，有约束优化转化为无约束优化，非线性转化为线性或序列线性规划等许多有效方法。

应该特别指出的是，从20世纪70年代开始，我国大连理工大学、哈尔滨工业大学、西北工业大学、北京工业大学、东南大学、华中科技大学、西安电子科技大学等高校的诸多学者积极组织起来，在结构优化设计的基本理论与方法及其相关技术方面进行了深入、系统的研究，取得了一系列卓有成效的成果，为我国相关领域的科研人员开展结构优化设计的具体理论与方法及关键技术研究奠定了基础。

为了寻求结构布局与几何最优或去除不必要的几何构件和材料，从20世纪70年代初，国内外学者开展了结构尺寸、形状和拓扑优化设计研究，其中，前两者以结构几何与形状尺寸参数作为设计变量。Dorn、Dobbs、Shen、M. P. Bendose、N. Kikuchi、程耿东、N. Olhoff、王光远、Kirsch、段宝岩、刘京生等对结构拓扑优化设计的研究做出了重要贡献，王光远及Kirsch等提出了拓扑优化的两相法、两阶段法和优化准则类推法；段宝岩等采用内力作为设计变量构造了非线性规划，以求解多工况拓扑优化问题；Bendose、N. Kikuchi基于摄动理论提出了著名的均匀法；刘京生等提出了适用于轴对称连续结构的渐进拓扑/形状优化法。正是由于他们开创性的工作导致了对拓扑优化问题的广泛研究。近年来，适用于并行计算的全局搜索法结合仿生学的各种方法（基因遗传算法、模拟退火算法、神经元网络法、极大熵原理法）开始被应用于拓扑优化上，取得了瞩目的进展。结构拓扑优化设计研究虽然已在多方面取得进展，但该法在实际工程中的应用以及如何将其与形状设计有机地结合并集成到CAD系统中去，还有待今后深入系统的研究。

为了考虑设计方案的优劣，以及结构抗力、地震烈度、场地类别、计算模型、计算参数、结构在使用期内的维修费和遭受损坏带来的经济损失等模糊因素，王光远院士等经过40多年的研究与探索，提出了结构在模糊荷载作用下以及结构双目标两层次等模糊优化设计理论与方法，并于20世纪80年代初提出了工程项目全系统优化的概念，认为优化应该贯穿在工程项目的可行性论证、结构选型、工程施工、建成以后的管理等全部阶段。基于上述两个概念，王光远院士和他的学生欧进萍院士等经过20年的研究，已初步形成了工程项目的全系统、全寿命优化设计理论。

针对近年来新结构与新材料的使用，使结构质量减轻，但同时降低了结构的刚度，进而引起结构动力学问题。从20世纪80年代初，国内外学者开始系统地研究结构动力修改与优化设计以及结构动力学拓扑优化设计问题。我国学者荣建华等10多年来通过构件和大型结构动力试验及结构动力学优化设计理论与应用研究，将 Mike 教授首次提出的渐进结构拓扑优化方法推广到结构动力学拓扑优化领域，从而扩展了结构动力学研究和应用的范畴。

西北工业大学现代设计与集成制造教育部重点实验室的张卫红教授等，自 20 世纪 80 年代初起致力于材料与结构优化设计理论、方法与应用研究，在多目标优化方法、多目标优化解灵敏度分析以及拓扑优化设计技术方面取得了创新性的基础研究成果，成功建立了结构多目标优化解灵敏度分析技术，凸规划对偶求解多目标优化算法库，并在 Boss-quattro 参数化设计系统下，实现了多科学、多模型、多目标优化设计集成。

近 30 年来，国内外学者在土木、建筑结构，尤其是水利工程优化设计的工程应用方面也取得了一系列的研究成果。本章参考文献［72，73，81～88］介绍了这些年来在钢筋混凝土平板、梁、柱、平面框架和桁架结构，钢结构平板、梁、柱、框架结构，桥梁结构以及控制结构优化设计方面的一些主要实例。参考文献［89，90］介绍了欧洲国家和美国在高层及超高层建筑（钢）结构抗震优化设计方面的一些主要实例。

基于高层和超高层建筑结构是我国香港地区目前和今后民用建筑发展的主要趋势考虑，从 20 世纪 80 年代初起，香港科技大学的 Chun-Man Chan 等开始系统地研究结构平面布局与构件几何尺寸优化设计问题。目前已取得一系列比较成熟的研究成果，并研发出基于结构全部材料总造价、水平刚度（或位移）、适用性能（如振动频率）和建筑有效面积等多目标函数控制，可同时考虑正常使用条件下竖向荷载及水平风荷载、水平及竖向地震作用的优化设计软件。最近他们结合钢筋混凝土框架结构弹性和非弹性抗震优化设计问题，正在积极开展基于性能的优化设计，以及受弯和压弯构件在其混凝土开裂后的非线性刚度优化，以改进与完善他们的优化程序。

河海大学的蔡新教授等从 20 世纪 90 年代初开始，开展一系列水工结构工程、港口航道工程和交通工程的优化设计理论与方法及其相关技术的研究，提出了实体重力坝、宽缝重力坝、空腹重力坝、大头坝、土石坝断面优化设计，拱坝体形多目标模糊优化设计，以及梁板式高桩码头整体优化设计的理论与方法。

2005～2007 年期间，中国工程院土木、水利与建筑工程学部的诸多院士和国内多方专家会同北京奥运会主场馆结构主要设计单位——中国建筑设计研究院多次召开会议，并由国家科技部立项攻关，就"鸟巢"的结构方案与布局、构件截面形式、材质选用和利用率，以及拟采用的平面钢结构桁架的优化设计问题进行反复深入的探讨、研究与论证。优化结果表明，在保持"鸟巢"建筑外形（风格）和构件外廓尺寸不变的前提下，按既定的平面钢结构桁架方案考虑，通过减小结构构件板材厚度，但附以必要的局部构造增强措施等，"鸟巢"钢结构自重由初始方案的13.6万吨左右降低到5.3万吨左右，钢材用量降低约60%，如果把可开启、滑动式的屋顶拿掉，再把孔扩大，用钢量可降至4.2万吨左右，将大大减少工程造价，且因大幅度地减小了结构负重（自重），结构安全度也得到了相应的提高。截至2007年年底这一优化方案得到理想、完满实施。

综上所述，目前结构优化设计的基本理论与方法及其相关技术已日臻成熟，且已在部分重要的大型土木、建筑结构和水利工程中得到应用，取得了显著的经济效益和社会效益。但是结构优化设计尚未在建筑结构，尤其是在役钢框架结构中得到普遍应用（如目前仅看到RC平板、梁、柱和平面框架结构优化设计的介绍）。其主要原因是：工程界对优化设计的概念、方法与技术不熟悉；结构优化设计的具体要求尚未在规范中的得到体现；建筑结构优化设计的具体理论与方法及其关键技术还不成熟。且不完全符合工程实践的要求，尤其是在役钢框架结构优化设计的相关研究成果至今国内外鲜有报道。

结构全寿命抗震优化设计是指结构在设计过程中既要考虑降低初始造价，又要兼顾提高结构在预期寿命内的抗震性能，即在结构的初始造价与结构未来的地震损失期望中达到一种优化平衡。利用全寿命抗震优化设计技术对建筑结构进行优化设计是实现资源最大化的重要手段。

1.5　钢结构损伤检测与加固技术的发展及前景

1.5.1　钢结构损伤检测技术的发展及前景

我国于20世纪80年代中期开始将无损检测技术应用于建筑钢结构的检测。在1985年建造深圳发展中心大厦时，上海材料研究所第一次制定了钢结构建筑检测作业指导书，对大厦的大厚度焊接钢结构进行超声波检测和焊缝表面磁粉探伤。深圳发展中心大厦的建成是我国钢结构建筑发展的新起点，而此时无损检测技术的应用标志着我国无损检测技术向建筑钢结构领域迈出第一步。

由于我国钢结构建设发展的多样化，无损检测方法也随之发生变化。传统的超声和磁粉检测方法主要应用于铁磁性钢材。随着钢结构建筑用材的变化，对非铁磁性材料的检测也提出了相应的无损检测要求，因此渗透和涡流方法得到应用，主要检测超高层建筑顶部桅杆等装饰件。对于跨度较大的对接焊缝和重要受力焊接点，主要使用射线检测方法，如上海证券大厦中部漏空部位的几十米跨度的工字梁连接部位、沪闵高架道路的大跨度立交及上海 A2 高速公路的立交钢结构对接焊缝。

在 2000 年上海卢浦大桥的施工现场，由于高空作业及缺陷定位的要求，数字式超声波探伤仪已完全取代模拟式超声波探伤仪。

近几年，钢结构检测技术更加趋于成熟和先进，基于小波变换的钢结构损伤检测方法、基于柔度的钢结构损伤检测方法、基于神经网络的钢结构损伤检测方法、综合 BIM（建筑信息模型）结合表面图像分析的钢结构无损检测方法等被相继提出并应用。

有关钢结构工程检测的标准、规范相继发布、施行，使钢结构检测工作进一步规范化，对保证工程质量起到了良好的作用。我国与钢结构检测相关的标准规范大体可分为产品标准、设计及施工标准、验收标准、检测方法标准等。国家对钢结构检测颁布的强制性条文主要依据是《钢结构工程施工质量验收规范》（GB 50205—2001）、《建筑工程施工质量验收统一标准》（GB 50300—2013）和《钢结构现场检测技术标准》（GB/T 50621—2010）。

钢结构检测是最具有发展潜力的技术之一，更加准确、减少损伤、快捷方便无疑是已有检验测试技术改善和提高的发展目标。开发新的检验项目，使检验测试技术更加完善则是这项技术发展的方向。

检验仪器和设备在钢结构检测技术中扮演着重要角色。没有仪器设备就无法进行监测，而质量好、操作方便的仪器设备是高质量检测工作的保障。与经济发达国家相比，我国的检测仪器设备在总体上还存在着明显的差距，主要体现在性能不稳定、功能少、寿命短、体积大等方面。

检测方法改善和提高的另一个方面是检测理论的提高及检测数据分析方法的改善。合理的检测数量、合理布置检测位置、减小检测结果的不确定性、充分利用检测数据等，是钢结构检测工作需要面对的问题。

1.5.2 钢结构加固技术的发展及前景

随着钢结构在建筑结构领域中使用得越来越广泛，钢结构的加固技术也随之发展起来。当钢结构存在缺陷以及使用条件发生改变时，都需要对原有钢结构工程进行加固改造。目前，钢结构的加固技术主要有传统的加固技术和纤维增强复合材料（FRP）钢结构加固技术。

传统加固钢结构的主要方式有增大原结构构件截面、改变计算图形、增强连接强度、外包型钢和阻止裂纹扩展等，目前的钢结构加固方式以传统加固方式为主。过去 FRP 加固技术多用于钢筋混凝土工程中，近年来的研究发现，FRP 加固技术应用于钢结构加固中表现出了很大潜力，是钢结构加固技术中的一种新兴的技术，也是钢结构加固技术的发展趋势。

为了规范钢结构加固技术的实施，中国工程建设标准化协会于 1996 年颁布了《钢结构加固技术规范》（CECS 77：96），规定了钢结构加固原则和传统的加固方法，然而，CECS 77：96 多年未经修订，从技术层面和执行效力层面都无法适应我国钢结构的快速发展、隐患较多的现状。在技术层面上，未包含近年来已获得广泛应用的钢结构加固新方法；在效力层面上，由于原标准属于协会层级，未与地方法律法规绑定，约束力不足。因此，四川建筑科学研究院和清华大学联合多家单位，自 2013 年启动编制国家标准《钢结构加固设计规范》。新标准将在《钢结构设计规范》（GB 50017—2003）设计体系的基础上，以 CECS 77：96 为原型，整合国内外钢结构加固领域新的研究理论和技术方法，吸取国内外钢结构事故的经验教训，明确钢结构的易损细节，给出钢结构关键构件和节点的加固设计方法，阐明各加固技术方法的适用范围，并对加固后钢结构的承载性能给出验算方法，同时紧密结合我国《钢结构设计规范》的修订工作。

参考文献

[1] 刘家慧，刘立新.腐蚀对钢筋力学性能影响的试验研究 [J].平原大学学报，2003，20（4）：35-37.

[2] 范颖，张英姿，等.基于概率分析的锈蚀钢筋力学性能研究 [J].建筑材料学报，2006，9（1）：99-104.

[3] 袁迎曙.锈蚀钢筋的力学性能退化研究 [J].工业建筑，2000，30（1）：43-46.

[4] Apostolopoulos C A，Papadakis V G. Consequences of steel corrosion on the ductility properties of reinforcement bar [J]. Constmction and Building Materials，2008，12（22）：2316-2324.

[5] Batis G，Rakanta E. Corrosion of steel reinforcement due to atmospheric pollution [J]. Cement&Concrete Composites，2005，2（27）：269-275.

[6] Zitrou E，Nikolaou J，Tsakiridis P E. Atmospheric corrosion of steel reinforcing bars Produced by various manufacturing processes [J]. Construction and Building Materials，2007，6（21）：1161-1169.

[7] 魏瑞演.钢结构在海洋气候腐蚀条件下的力学性能试验研究 [J].福建建筑高等专科学校学报，2001，3（9）：37-42.

[8] Tatsuro Nakai，Hisao Matsushita，Norio Yamamoto，et al. Effect of pitting corrosion on local strength of Hold frames of bulk carriers（1 st report）[J]. Marine Structures，2004（17）：403-432.

[9] Lee H S，Takafumi Noguchi，Fuminori Tomosawa. Evaluation of the bond properties between concrete and reinforcement as a function of the degree of reinforcement corrosion [J]. Cement and Concrete Research，2002，8（32）：1313-1318.

[10] 沈德建.大气环境锈蚀钢筋混凝土梁试验研究 [D].南京：河海大学，2003.

[11] 李昊，张园，张丽.钢筋混凝土结构中钢筋锈蚀后力学性能变化的试验研究 [J].内蒙古农业大学学报，2006，4（27）：114-116.

[12] 史炜洲.钢材腐蚀对住宅钢结构性能影响的研究与评估 [D].上海：同济大学，2009.

[13] 陈露.锈蚀后钢材材料性能退化研究 [D].西安：西安建筑科技大学，2010.

[14] Tat Suro Nakai，Hisao Matsushita，Norio Yamamoto. Effect of pitting corrosion on strength of web plates subjected to patch loading [J]. Thin Walled Structures，2006（44）：10-19.

[15] Beaulieu L V，Legeron F，Langlois S. Compression strength of corroded steel angle members [J]. Journal of Constructional Steel Research，2010，66（11）：1366-1373.

[16] 钟宏伟.锈蚀 H 型钢构件偏心受压性能研究 [D].西安：西安建筑科技大学，2010.

[17] 潘典书.锈蚀 H 型钢构件受弯承载性能研究 [D].西安：西安建筑科技大学，2009.

[18] 白烨.锈蚀槽钢受弯性能试验研究与理论分析 [D].西安：西安建筑科技大学，2009.

[19] Koji Takahashi，Kotoji Andoa. Failure behavior of carbon steel pipe with local wall thinning near orifice [J]. Nuclear Engineering and Design，2007，4（237）：335-341.

[20] 赵贞欣.作为文物保护的经典煤气柜检测、安全评估和再利用 [D].上海：同济大学，2006.

[21] 李永杰.锈蚀对网架结构性能影响的研究分析 [J].科技情报开发与经济，2007，17（14）：193-194.

[22] 孔正义.腐蚀钢构件疲劳性能退化试验研究 [D].西安：西安建筑科技大学，2010.

[23] 于晓辉，吕大刚，王光远.土木工程结构地震易损性分析的研究进展 [C].同济大学第二届结构工程新进展国际论坛论文集.北京：中国建筑工业出版社，2008：763-774.

[24] 周艳龙，张鹏.结构地震易损性分析的研究现状及展望 [J].四川建筑，2010，30（3）：110-112.

[25] Chiocel D M，et al. Seismic response and fragility evaluation for an Eastern US NPP including soil-

structure interaction effects [J]. Reliability Engineering and System Safety, 1998, 62: 197-214.

[26] Ozaki M, et al. Improved response factor methods for seismic fragility of reactor building [J]. Nuclear Engineering and Design, 1998, 185: 277-291.

[27] Kazuta H, Takahiro S. Fragility estimation of an isolated FBR structure considering the ultimate state of rubber bearings [J]. Nuclear Engineering and Design, 1994, 147: 183-196.

[28] Bhargava K, Ghosh A K, Ramanujama S. Seismic response and fragility analysis of a water storage structure [J]. Nuclear Engineering and Design, 2005, 235: 1481-1501.

[29] Kapilesh B, et al. Evaluation of Seismic fragility of Structures—a case study [J]. Nuclear Engineering and Design, 2002, 212: 253-272.

[30] Yamaguchi A. Seismic failure probability evaluation of redundant fast breeder reactor piping system by probabilistic structural response analysis [J]. Nuclear Engineering and Design, 1997, 195: 237-245.

[31] Huang H M, Huo J R. Seismic fragility analysis of electric substation equipment and structures [J]. Probabilistic Engineering Mechanics, 1998, 13 (2): 107-116.

[32] Ellingwood B R. Earthquake risk assessment of building structures [J]. Reliability Engineering and System Safety, 2001, 74: 251-262.

[33] Song J L, Ellingwood B R. Seismic reliability of special moment steel frames with welded connections: Ⅱ [J]. ASCE Journal of Structural Engineering, 1999, 125 (4): 372-384.

[34] Ellingwood B R, et al. Fragility assessment of light-frame wood construction subjected to wind and earthquake hazards [J]. ASCE Journal of Structural Engineering, 2004, 130 (12): 1921-1930.

[35] Rosowsky D V, Ellingwood B R. Performance-based engineering of wood frame housing: Fragility analysis methodology [J]. ASCE Journal of Structural Engineering, 2002, 128 (1): 32-38.

[36] Kim J H, Rosowsky D V. Fragility analysis for performance-based seismic design of engineered wood shearwalls [J]. ASCE Journal of Structural Engineering, 2005, 131 (11): 1764-1773.

[37] Wen Y K, Ellingwood B R. The role of fragility assessment in consequence-based engineering [J]. 9th International Conference on Applications of Stochastic and Probability in Civil Engineering (ICASP9), Der Kiureghian, Madanat&Pestana (eds), Millpress, Rotterdam, 2003: 1573-1579.

[38] Sasani M, Der Kiureghian A. Seismic fragility of RC structural walls: Displacement approach [J]. ASCE Journal of Structural Engineering, 2001, 127 (2): 219-228.

[39] Sasani M, Der Kiureghian A, Bertero V V. Seismic fragility of short period-reinforced concrete structural walls under near-source ground motions [J]. Structural Safety, 2002, 24 (2-4): 123-138.

[40] Gardoni P, DerKiureghian A, Mosalam K M. Probabilistic capacity models and fragility estimates for reinforced concrete columns based on experimental observations [J]. ASCE Journal of Engineering Mechanics, 2002, 128 (10): 1024-1038.

[41] Schotanus M I J, et al. Seismic fragility analysis of 3D structures [J]. Structural Safety, 2004, 26

(4)：421-441.

[42] Rossetto T，Etnashai A. Derivation of vulnerability functions for European-type RC structures based on observational data [J]. Engineering Structures，2003，5 (10)：1241-1263.

[43] Dymiotis C，Kappos A J，Chryssanthopoulos M K. Seismic reliability of RC frames with uncertain drift and member capacity [J]. ASCE Journal of Structural Engineering，1999，125 (9)：1038-1047.

[44] Dyrniotis C，Kappos A J，Chryssanthopoulos M K. Seismic reliability of masonry-infilled RC frames [J]. ASCE Journal of Structural Engineering，2001，127 (3)：296-305.

[45] Dumova Jovanoska E. Fragility curves for reinforced concrete structures in Skopje (Macedonia) region [J]. Soll Dynamics and Earthquake Engineering，2000，19：455-466.

[46] Dhova S L，Negro P. Seismic assessment of an industrial frame structure designed according to Euro codes. Part 2：Capacity and vulnerability [J]. Engineering Structures，2005，27 (4)：724-735.

[47] 杨玉成，杨柳，高大学. 现有多层砖房震害预测的方法及其可靠度 [J]. 地震工程与工程震动，1982，2 (3)：75-84.

[48] 杨玉成，等. 投入使用的多层砌体房屋震害预测专家系统 PDMSMB-1 [J]. 地震工程与工程震动，1990，10 (3)：83-89.

[49] 高小旺，钟益树. 底层全框架砖房震害预测方法 [J]. 建筑科学，1990，(2)：47-53.

[50] 高小旺，钟益树，陈德彬. 钢筋混凝土框架房屋震害预测方法 [J]. 建筑科学，1989，(1)：16-23.

[51] 尹之潜. 地震灾害与损失预测方法 [M]. 北京：地震出版社，1995.

[52] 尹之潜. 地震损失分析与设防标准 [M]. 北京：地震出版社，2004.

[53] 赵少伟，窦远明，等. 建筑结构震害预测方法研究与实践 [J]. 地震工程与工程振动，2006，26 (3)：51-53.

[54] 宋立军，唐丽华，等. 石河子市建筑物群体易损性矩阵的建立方法与震害预测 [J]. 内陆地震，2001，15 (4)：320-325.

[55] 常业军，吴曙光. 底层框架砖房的震害预测方法 [J]. 华南地震，2001，21 (1)：57-61.

[56] 于红梅，许建东，张素灵. 基于集集地震德建筑物易损性统计分析 [J]. 防灾科技学院学报，2006，8 (4)：17-20.

[57] 钟德理，冯启民. 基于地震动参数的建筑物震害研究 [J]. 地震工程与工程震动，2004，24 (5)：46-51.

[58] 常业军，吴明友. 建筑物结构易损性分析及抗震性能比较 [J]. 山西地震，2001，(1)：23-25.

[59] 王薇，徐志胜，冯凯. 小城镇灾害易损性分析与评估 [J]. 中国安全科学学报，2004，14 (7)：3-5.

[60] 张令心，江近仁，刘洁平. 多层住宅砖房的地震易损性分析 [J]. 地震工程与工程振动，2002，22 (1)：49-55.

[61] 于德湖，王焕定. 配筋砌体结构地震易损性评价方法初探 [J]. 地震工程与工程振动，2002，22

（4）：97-101.

[62] 成小平，胡聿贤，帅向华.基于神经网络模型的房屋震害易损性估计方法 [J].自然灾害学报，2000，9（2）：68-73.

[63] 温增平，高孟潭，等.统一考虑地震环境和局部场地影响的建筑物易损性研究 [J].地震学报，2006，28（3）：277-283.

[64] 田军伟.砖砌体结构地震易损性矩阵分析 [D].哈尔滨：中国地震局工程力学研究所，2005.

[65] 楼思展，叶志明，陈玲俐.框架结构房屋地震灾害风险评估 [J].自然灾害学报，2005，14（5）：99-105.

[66] 乔亚玲，闫维明，郭小东.建筑物易损性分析计算系统 [J].工程抗震与加固改造，2005，27（4）：75-79.

[67] 陶正如，陶夏新.基于地震动参数的建筑物震害预测 [J].地震工程与工程振动，2005，24（2）：88-94.

[68] 吕大刚，李晓鹏，王光远.基于可靠度和性能的结构整体地震易损性分析 [J].自然灾害学报，2006，15（2）：107-114.

[69] 吕大刚，王光远.基于可靠度和灵敏度的结构局部地震易损性分析 [J].自然灾害学报，2006，15（4）：157-162.

[70] Vanderplaats G N. Design Optimization-History and prospects [M]. Proc. of 3rd China-Japan-Korea Joint Symposium on Optimization of Structural and Mechanical Systems. Kanazawa：Kanazawa University Press，2004，10：41-48.

[71] Hirotaka Nakayama. Multi-objective optimization and its engineering applications [M]. Proc. of 3rd China-Japan-Korea Joint Symposium on Optimization of Structural and Mechanical Systems. Kanazawa：Kanazawa University Press，2004，10：13-25.

[72] 张炳华，侯昶.土建结构优化设计 [M].2 版.上海：同济大学出版社，1998.

[73] 蔡新，等.工程结构优化设计 [M].北京：中国水利水电出版社，2003.

[74] Rozvany G I N. Topology Optimization of Multipurpose Structures [J]. Mathematical Methods of Operational Research，1998，42（2）：31-41.

[75] Rozvany G I N，Bendsoe M P，Kirsch. Layout optimization of structures [J]. Appl. Mech. Rev.，ASME，1995，42（2）：41-119.

[76] 王光远.工程结构与系统抗震优化设计的实用方法 [M].北京：中国建筑工业出版社，1999.

[77] Rong J H，Xie Y M，Yang X Y，et al. Topology optimization of structures under dynamic response constraints [J]. J. of sound and Vibration，2000，234（2）：177-189.

[78] 荣见华，等.结构动力修改及优化设计 [M].北京：人民交通出版社，2002.

[79] Zhang W H. On the Pareto optimum sensitivity analysis in multicriteria optimization [J]. International Journal for Numerical Methods in Engineering，2003，58（6）：955-977.

[80] Wang D，Zhang W H，Jiang J S. Combined shape and sizing optimization of truss structures [J]. Computational Mechanics，2002，29：307-312.

[81] 李刚，程耿东.基于可靠度和功能的框架-剪力墙结构抗震优化设计 [J].计算力学学报，2001，

18（3）：290-294.

[82]　Richard Balling J，Xiaoping Yao. Optimization of Reinforced Concrete Frame ［J］. J. Struct. Engrg.，1977，123（2）：193-202.

[83]　Charles Camp V，Shahram Pezeshk，Håkan Hansson. Flexural Design of Reinforced Concrete Frames Using a Genetic Algorithm ［J］. J. Struct. Engrg.，2003，129（1）：105-115.

[84]　Liu M，Burns S A，Wen Y K. Multiobjective Optimization for Life Cycle Cost Oriented Seismic Design of Steel Moment Frame Structures ［J］. American Society of Civil Engineers，2004：1-4.

[85]　Palle Thoft-Christensen. On Reliability Based Optimal Design of Concrete Bridges ［J］. Advanced Technology in Structural Engineering，Structures Congress，Mohamed Elgaaly-Editor，May 8-10，2000，Philadelphia，Pennsylvania，USA.

[86]　Lei Xu，Asce M，Yanglin Gong，et al. Seismic Design Optimization of Steel Building Frameworks ［J］. J. of Structural Engineering，ASCE，2006，132（2）：277-286.

[87]　Cai Guoping，Huang Jinzhi. Optimal Control Method for Seismically Excited Building Structures with Time-Delay in Control ［J］. J. of Engineering Mechanics，ASCE，2002，120（6）：602-612 .

[88]　张延年，李宏男. 混合控制结构的多维动力分析与优化设计 ［J］. 土木工程学报，2007，40（8）：8-15.

[89]　Camal Sarma C，Hojjat Adeli. Comparative Study of Optimum Design of Steel Tall Rise Building structures Using Allowable Stress Design and Load and Resistance Factor design Codes ［J］. Practice Periodical on Structural Design and Construction，ASCE，2005，10（1）：12-17.

[90]　Chun Man Chan，Donald Grierson E，Archibald N. Sherbourne. Automatic Optimal Design of Tall Steel Building Frameworks ［J］. J. Struct. Engrg.，1995，121（5）：838-847.

[91]　Chun Man Chan. Advances in Structural Optimization of Tall Buildings in Hong Kong ［J］. Proc. of 3rd China-Japan-Korea Joint Symposium on Optimization of Structural and Mechanical Systems. Kanazawa：Kanazawa University Press，2004，10：49-57.

[92]　Chan C M，Liu P. Design Optimization of Practical Tall Concrete Buildings Using Hybrid Optimality Criteria and Genetic Algorithms ［J］. Proc. 8th Int. Conf. On Computing in Civil & Building Structures，Stanford，CA，USA，Aug.，2000：14-17.

[93]　Zou X K，Chan C M. Optimal Seismic Performance-based Design of Reinforced Concrete Buildings Using Nonlinear Pushover Analysis ［J］. J. of Structural Engineering，ASCE，2005，131（1）：342-350.

[94]　Chan C M，Wang Q. Optimal Drift Design of Tall Reinforced Concrete Buildings with Nonlinear Cracking Effects ［J］. J. of Structural Engineering，ASCE，2005，131（2）：112-120.

[95]　胡义. 地震激励下在役 RC 框架结构力学行为研究 ［D］. 西安：西安建筑科技大学，2013.

[96]　施天敏. 建筑钢结构无损检测技术在中国 ［J］. 无损检测，2008，30（8）：475-479.

[97]　刘晓珂. 天津国际贸易中心钢结构加固技术研究 ［D］. 天津：天津大学，2013.

[98]　王元清，宗亮，施刚，等. 钢结构加固新技术及其应用研究 ［J］. 工业建筑，2017，47（2）：1-6.

第2章 酸性大气环境下在役钢框架结构时变地震损伤模型

造成钢结构在服役期间发生损伤的主要原因如下。

(1) 钢构件加工和安装焊接时存在的各种先天性缺陷 由构件加工和安装焊接造成的损伤既不可避免，也无法预测，它与施工质量及工人的素质有关，可以忽略这一类损伤的计算。

(2) 环境作用下钢结构腐蚀引起的损伤 引起钢结构腐蚀的环境作用分类很多，其中最为普遍的环境作用是城市酸性大气环境作用。

(3) 自然灾害下钢结构的突然损伤 在所有的自然灾害中，地震是目前危害较大且较普遍的自然灾害之一。

第二种原因导致的损伤属于累积损伤，在结构服役期间是一定会存在的，由地震等自然灾害造成的损伤在结构服役期内是否出现是存在一定概率的。

普通钢材的抗腐蚀性极差，尤其是处于湿度较大、具有腐蚀性介质的环境中，据统计，全世界每年钢铁产量的 $30\% \sim 40\%$ 因腐蚀而失效。钢结构在服役期间受到腐蚀环境的影响会产生不同程度的锈蚀损伤，这种锈蚀损伤还会随着服役龄期的增长而加重。钢材锈蚀损伤最直接的表现形式就是钢构件截面的削弱，进而造成钢材力学性能、构件承载能力及结构抗震性能的退化，因此，腐蚀钢结构在地震作用下发生倒塌的可能性将会更大。目前国内外大多数钢结构损伤模型主要用于计算结构地震损伤，根本没有考虑环境腐蚀对钢结构损伤的影响。

本章具体介绍酸性大气环境下钢材人工加速腐蚀试验，腐蚀钢材拉伸试验，钢材力学性能指标（包括钢材的屈服强度、弹性模量、极限强度及伸长率等）随腐蚀程度增大的退化规律，以及一般酸性大气环境作用下钢结构时变地震损伤模型。

2.1 酸性大气环境下锈蚀钢材材性试验

2.1.1 试验目的

为了建立酸性大气环境下基于材料层面的钢材力学性能（包括屈服强度、极限强度、伸长率等）随锈蚀程度增大的退化规律，对 63 个标准钢材材性试件进行了腐蚀及拉伸试验。试验主要研究内容如下：

① 对城市酸性大气环境进行人工气雾模拟并对材性试件进行腐蚀；

② 测定不同锈蚀程度钢材的质量损失并计算出钢材的失重率；

③ 测定不同锈蚀程度钢材的力学性能指标，包括屈服强度、弹性模量、极限强度及伸长率；

④ 建立腐蚀钢材力学性能指标与失重率的回归关系。

由于实际大气暴露试验时间周期长且试验受区域性限制，为了缩短试验时间并在一定程度上真实预测钢材腐蚀情况，试验时采用室外加速腐蚀方法。

2.1.2 试件设计

用于振动台试验的空间钢框架结构的框架梁钢材型号为 HN126×60×6×8，1~2 层框架柱为 HW150×150×7×10，3~5 层框架柱为 HW125×125×6.5×9。根据国家标准《钢及钢产品力学性能试验取样位置及试样制备》（GB/T 2975—1998），分别从柱的腹板、翼缘和梁的腹板切取试样，试样尺寸规格见图 2.1。

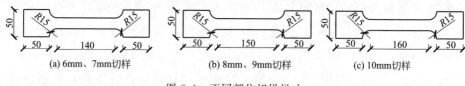

| (a) 6mm、7mm切样 | (b) 8mm、9mm切样 | (c) 10mm切样 |

图 2.1　不同部位切样尺寸

2.1.3 模拟酸性大气环境钢材人工加速腐蚀方案

为了获得不同锈蚀程度的空间钢框架结构及材性试验试件，需要对酸性大气环境进行人工模拟。由于空间钢框架试件的尺寸较大，无法放进腐蚀试验箱，所以选择户外自然加速暴露试验方法对空间钢框架结构进行腐蚀。而本章设计钢材材性试验的目的主要是为酸性大气环境下不同锈蚀程度空间钢框架结构地震模拟振动台试验提供钢材材料性能退化规律，所以材性试验试件的腐蚀也必须选择户外自然加速暴露试验。

户外自然加速暴露试验方法是在暴露试验的基础上，人为强化并控制某些环境因素来加速材料的大气腐蚀。本次钢材户外自然加速暴露腐蚀选择人工喷淋加速暴露腐蚀。

2.1.3.1 试验溶液的配制

（1）5%中性氯化钠溶液 在温度为 25℃±2℃ 且电导率不高于 $20\mu S/cm$ 的蒸馏水或者去离子水中溶解 $NaCl$，配置成浓度为 $50g/L±5g/L$ 的溶液。25℃时，$NaCl$ 溶液的密度范围为 $1.029\sim1.036g/cm^3$。

$NaCl$ 溶液中不应含有多于 0.001%（质量分数）的铜和镍，铜和镍的含量由原子吸收光谱或其他具有相同灵敏度的方法测定。$NaCl$ 中不应含有多于 0.1%（质量分数）的碘化钠或超过相对于干盐计算的 0.5%（质量分数）的总杂质量。

如果制备溶液在 25℃±2℃ 的 pH 值超过 6.0～7.0 的范围，应检测水中杂质的含量。

（2）酸化 在 25℃±2℃，溶液 pH 值应调整至 3.5±0.1，向 10L 5% 中性氯化钠溶液中添加下列试剂：①12mL 硝酸溶液（HNO_3，密度 $\rho=1.42g/cm^3$）；②17.3mL 硫酸溶液（H_2SO_4，密度 $\rho=1.84g/cm^3$）；③添加质量分数为 10% 的氢氧化钠溶液（密度 $\rho=1.1g/cm^3$），调整溶液的 pH 值为 3.5±0.1（大约需要 300mL 氢氧化钠溶液）。

2.1.3.2 试验方案

（1）试验季节 户外加速试验为避开雨季和冰冻期，选择春季为试验季节，具体时间为 2014 年 2～6 月。

（2）喷雾周期 采用人工喷雾，喷雾周期安排在 9：00～12：00 和 14：00～18：00 两个时间段，在两个时间段内每 20min 喷雾一次，每次喷雾 20min。

（3）取样周期　厚度为 6mm、8mm、9mm 的试件的取样周期均为 0d、20d、40d、60d、80d、100d、120d。厚度为 7mm、10mm 的试件的取样周期为 0d、120d。在整个试验期内，试验最好不要中断，如果需要中断试验，中断时间要尽可能短。

具体试验条件见表 2.1。

表 2.1　模拟酸性大气环境试验条件

条件	参数
温度	10℃±3℃
酸性盐溶液	pH 值为 3.5±0.1;盐浓度为 50g/L±5g/L

2.1.4　锈蚀试件的处理

如图 2.2 所示为腐蚀前后试件对比，其中用于测定失重率的不同厚度的钢板如图 2.3 所示。

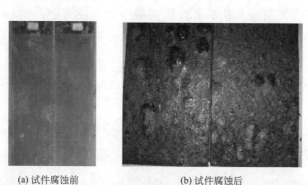

(a) 试件腐蚀前　　　　　　　　(b) 试件腐蚀后

图 2.2　腐蚀前后试件对比

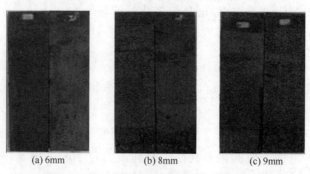

(a) 6mm　　　　　　　(b) 8mm　　　　　　　(c) 9mm

图 2.3　用于测定失重率的不同厚度的钢材

为获得不同锈蚀程度试件的失
重率，需要对锈蚀钢材材性试件进
行除锈处理。在进行除锈处理之
前，对试件进行编号处理，并做相
关记录，然后采用稀释盐酸溶液浸
泡试件对其除锈。除锈后的试件如
图 2.4 所示。

图 2.4　除锈后的试件

2.1.5　酸性大气环境下锈蚀钢材拉伸试验

对每个试件，采用"502"超黏胶粘贴应变片，弹性阶段采用应变信息
获取材料的弹性模量、泊松比和屈服强度，屈服后采用荷载-横截面积方法计
算其名义应力，获取极限强度，并按《金属材料室温拉伸试验方法》（GB
228—2002）中的有关规定进行单向拉伸试验。所有试样均与振动台试验试件
采用同一批钢材，同期制作。试验在材料实验室完成，仪器采用万能试验机，
应变采集器采用 DH3818 静态应变仪。单向拉伸试验如图 2.5 所示。

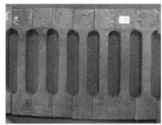

(a) 试件机械打点

(b) 拉伸试件　　　　　　　(c) 数据采集器

图 2.5　单向拉伸试验

2.1.6　钢材力学性能退化规律

为了定量表示钢材材性试件的锈蚀程度，以失重率 D_w 这个参数来衡量表达，建立基于材料层面的钢材力学性能退化规律。钢材失重率计算见式(2.1)。

$$D_w = \frac{W_0 - W_1}{W_0} \tag{2.1}$$

式中，W_0、W_1 为腐蚀前与腐蚀后钢片的质量，g。

将每种厚度的试样 3 个为一组进行拉伸试验，取平均值作为钢材的力学性能指标。钢材力学性能与失重率的回归关系如图 2.6 所示。

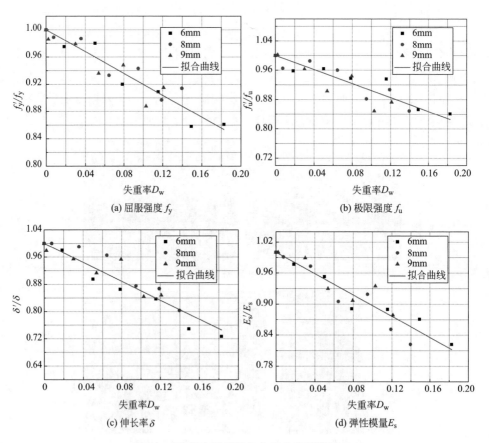

图 2.6　钢材力学性能与失重率的回归关系

对于不同厚度的钢材试样，在室内腐蚀时间相同的情况下，厚度越小的钢材，劣化程度越明显。这是由于在腐蚀时间相同的情况下，所有钢材厚度损失量相同，因此钢材厚度越小，失重率也就越大即腐蚀程度越大，这也与钢材材性试验结果规律基本吻合。同时由图 2.6 还可以看出，随腐蚀时间的增加，屈服强度、极限强度、伸长率及弹性模量等都在不断下降，材料力学性能劣化明显。

腐蚀后钢材力学性能指标拟合效果公式，见式（2.2）。

$$\begin{cases} \dfrac{f'_y}{f_y} = 1 - 0.802D_w \\[2mm] \dfrac{f'_u}{f_u} = 1 - 0.955D_w \\[2mm] \dfrac{\delta'}{\delta} = 1 - 1.390D_w \\[2mm] \dfrac{E'_s}{E_s} = 1 - 0.951D_w \end{cases} \tag{2.2}$$

为了检验通过试验数据回归得到的锈蚀钢材退化关系的合理性，依据相关系数 R 检验进行显著性检验，结果见表 2.2。

表 2.2　回归公式显著性检验

拟合公式	R^2	临界值 $R_{0.01}(1, n-2)$
$\dfrac{f'_y}{f_y} = 1 - 0.802D_w$	0.908	
$\dfrac{f'_u}{f_u} = 1 - 0.955D_w$	0.936	0.478
$\dfrac{\delta'}{\delta} = 1 - 1.390D_w$	0.883	
$\dfrac{E'_s}{E_s} = 1 - 0.951D_w$	0.836	

此次试验共有 63 组数据，$n-2=61$。通过查相关系数 R 检验表可以得到显著性水平 $\alpha=0.01$ 时的临界值为 0.478，拟合公式的相关系数 R 大于在显著性水平 $\alpha=0.01$ 时的临界值，因此线性关系十分显著，还在一定程度上验证了该组拟合公式的实用性和准确性。同时，由于各性能指标的拟合公式仅含失重率 D_w 一个参数，因此为其在实际工程中的运用提供了方便。

2.2 锈蚀钢材损伤退化规律

2.2.1 钢材的起锈时间与锈蚀速率

钢结构建筑在建造初期会做防腐处理，防腐涂层保护时间的长短与外部环境类型、防腐涂层的类型和厚度有关。根据《工业建筑防腐蚀设计规范》（GB 50046—2008）的要求，钢结构的表面防护，应符合表 2.3 的规定。

表 2.3　钢结构的表面防护

防腐蚀涂层最小厚度/mm			防护层使用年限/a
强腐蚀	中腐蚀	弱腐蚀	
0.28	0.24	0.2	10～15
0.24	0.2	0.16	5～10
0.2	0.16	0.12	2～5

表 2.3 中钢结构环境分类根据《大气环境腐蚀性分类》（GB/T 15957—1995）确定，详见表 2.4。

表 2.4　大气环境腐蚀分类

腐蚀类型		腐蚀速度 /(mm/a)	腐蚀环境		
等级	名称		环境气体类型	相对湿度（年平均）/%	大气环境
Ⅰ	无腐蚀	＜0.001	A	＜60	乡村大气
Ⅱ	弱腐蚀	0.001～0.025	A	60～75	乡村大气
			B	＜60	城市大气
Ⅲ	轻腐蚀	0.025～0.05	A	＞70	乡村大气
			B	60～75	城市大气
			C	＜60	工业大气
Ⅳ	中腐蚀	0.05～0.2	B	＞70	城市大气
			C	60～75	工业大气
			D	＜60	海洋大气
Ⅴ	较强腐蚀	0.2～1.0	C	＞70	工业大气
			D	60～75	
Ⅵ	强腐蚀	1～5	D	＞75	工业大气

表 2.4 中的环境气体分类详见表 2.5。

表 2.5　环境气体分类（GB/T 15957—1995）

气体类别	腐蚀性物质名称	腐蚀性物质含量/(g/m³)
A	二氧化碳	<2000
	二氧化硫	<0.5
	氟化氢	<0.05
	硫化氢	<0.01
	氮的氧化物	<0.1
	氯	<0.1
	氯化氢	<0.05
B	二氧化碳	>2000
	二氧化硫	0.5~10
	氟化氢	0.05~5
	硫化氢	0.01~5
	氮的氧化物	0.1~5
	氯	0.1~1
	氯化氢	0.05~5
C	二氧化硫	10~200
	氟化氢	5~10
	硫化氢	5~100
	氮的氧化物	5~25
	氯	1~5
	氯化氢	5~10
D	二氧化硫	200~1000
	氟化氢	10~100
	硫化氢	>100
	氮的氧化物	25~100
	氯	5~10
	氯化氢	10~100

注：当大气中同时含有多种腐蚀性气体时，则腐蚀级别应取最高的一种或几种为基准。

　　虽然有防腐涂层的保护，但随着服役时间的增加，防腐涂层也会在外部环境的侵蚀下失去保护功能。防腐涂层失效之时便是钢结构腐蚀发生之日，因此，钢结构涂层失效起始时间的确定是钢结构腐蚀行为研究的一项关键内容。

由表 2.3～表 2.5 可以看出，导致钢结构防腐涂层失效的原因主要有环境因素、涂层厚度、结构形式及金属表面除锈质量等级等。虽然影响防腐涂层失效的原因很明确，但防腐涂层的失效机理却很复杂，以致很难准确预测涂层的失效起始时间。

由于研究需要具体确定酸性大气环境下钢结构防护层的使用年限，所以由表 2.3 及我国多年的钢材腐蚀调查结果确定钢结构防护层的使用年限为 20 年。

根据《金属腐蚀电化学热力学》可以得到碳钢在各类大气中的腐蚀速率，如表 2.6 所列。

表 2.6　碳钢在各类大气中的腐蚀速率

大气类型	平均腐蚀速率/(mm/a)	大气类型	平均腐蚀速率/(mm/a)
农村	0.004～0.065	工业	0.026～0.175
城市	0.023～0.071	海洋	0.026～0.104

根据《钢结构防腐蚀和防火涂装》及《近海大气中耐候钢和碳钢抗腐蚀性能的研究》可以得到 Q235 钢和 Q345 钢在大气中暴露 5 年的锈蚀速率，见表 2.7。

表 2.7　两种钢在大气中暴露 5 年腐蚀速率

钢种	各地腐蚀速率 K/(μm/a)							
	成都	广州	武汉	北京	包头	鞍山	南京	上海
Q235①	27.5	27.3	14.2	11.7	6.7	19.5	4.0	17.8
Q345②	25.8	25.0	14.1	10.0	6.7	17.0	—	—
②/①	0.94	0.92	0.99	0.85	1.00	0.87		

1998 年，国际标准化组织 ISO 推出了《油漆和清漆防护漆系统对钢结构的腐蚀防护》（ISO 12944-2），将腐蚀环境进行划分，见表 2.8。

对上述资料里的腐蚀速率进行总结分析，可以认为 Q235 碳钢在一般城市酸性大气环境中的平均腐蚀速率为 0.02mm/a。

表 2.8　国际标准化组织 ISO 12944-2 腐蚀环境

腐蚀类别	低碳钢单位面积上的损失(第一年暴露后)		湿性气候下的典型环境	
	K_w /[g/(mm^2/a)]	K /(μm/a)	室外	室内
C1(很低)	≤10	≤1.3		加热的建筑内部,空气洁净,如办公室、住宅、商店、学校等
C2(低)	10~200	1.3~25	大气污染较低,大部分是乡村地区	未加热的建筑内部,可能发生冷凝,如仓库、体育场
C3(中)	200~400	25~50	城市和工业大气,中等的二氧化硫污染,低盐度沿海区域	高湿度和有一定空气污染的生产场所,如食品加工厂、洗衣厂、酒厂、牛奶场等
C4(高)	400~650	50~80	高盐度的工业区和沿海地区	化工厂、游泳池、船厂等
C5-1[很高(工业)]	650~1500	80~200	高盐度和恶劣大气的工业区	总是有冷凝和高湿度的建筑物内部
C5-M[很高(海洋)]	650~1500	80~200	高盐度和沿海的近岸地带	总是处在高湿度和污染的建筑物内部

注：K_w 和 K 分别为用腐蚀质量和腐蚀深度表示的腐蚀速率。

2.2.2　失重率 D_w 与平均腐蚀速率 y 之间的关系

设钢材的锈蚀率为 η，且 $\eta = \dfrac{A_t}{A_0}$，式中，A_0 为构件设计截面面积；A_t 为在一定服役龄期 t 时构件截面锈蚀面积。为了获得钢材锈蚀率 η 与失重率 D_w 之间的关系，首先做如下两个假定：①假设腐蚀前后钢材的密度没有变化，即 $\rho_0 = \rho_t$；②在几何尺寸上，梁、柱构件在长度方向上的尺寸远远大于其在宽度和高度方向上的尺寸，所以可以认为锈蚀仅在梁柱的高、宽方向上发生，长度方向上没有锈蚀损失，即 $L_0 = L_t$。基于上述假设，失重率 D_w 可以表示为

$$D_w = \frac{\rho_t A_t L_t}{\rho_0 A_0 L_0} = \frac{A_t}{A_0} = \eta \qquad (2.3)$$

设钢材在酸性大气环境下的平均腐蚀速率为 y，单位为 mm/a，而钢

材的起锈时间确定为服役 20a。为方便计算，认为同一框架结构上的框架柱、梁构件均匀锈蚀，那么对于服役 t 年的钢结构来说，其钢材的平均锈蚀厚度为 $y_t = y(t-15)$，对于工字形截面型钢（图 2.7 和图 2.8），锈蚀构件截面高度 $h_\eta = h - 2y_t$，宽度 $b_\eta = b - 2y_t$，则设计截面面积 A_0 的构件在酸性大气环境作用下一定服役龄期 t 时截面腐蚀面积 A_t 可以表示成

$$A_0 = 2bt_a + ht_w - 2t_w t_a \tag{2.4}$$

$$A_t = 4y_t b - 2y_t t_w + 2y_t h - 4y_t^2 \tag{2.5}$$

将式（2.5）和式（2.6）代入式（2.4），即可得到锈蚀率 η 与平均锈蚀深度 y_t 之间的关系。

$$D_w = \eta = \frac{4y_t b - 2y_t t_w + 2y_t h - 4y_t^2}{2bt_a + ht_w - 2t_w t_a} \tag{2.6}$$

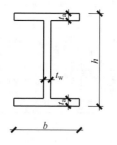
图 2.7　无锈蚀型钢截面

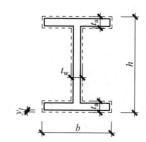
图 2.8　锈蚀深度为 y_t 的型钢截面

将式（2.2）代入式（2.6），即可获得锈蚀钢材力学性能与钢材平均锈蚀深度 y_t 的关系。

2.3　锈蚀钢框架结构时变地震损伤模型

2.3.1　考虑锈蚀影响的损伤模型

大量的震害实例和试验结果表明结构地震破坏的形式主要分为两类：一是首次超越破坏；二是累积损伤破坏。基于上述两种破坏形式，一般选择表征变形、能量或变形和能量的综合的损伤参数来描述结构或构件的损伤。以最大变形、延性、刚度退化比作为损伤参数的模型，只能反映结构的弹塑性变形引起的首次超越破坏，以累积塑性变形、累积耗能作参数的

模型则只反映非线性循环引起的累积损伤破坏。1985 年，Park 和 Ang 等首次提出了表征变形和能量综合损伤的损伤指数模型。

$$D_0 = \frac{\delta_m}{\delta_u} + \frac{\beta}{Q_y \delta_u} \int dE \tag{2.7}$$

式中，δ_u 和 δ_m 分别为结构或构件的极限位移和最大位移；dE 为滞回耗能的增量；Q_y 为结构或构件屈服强度；β 为能量影响系数。

Park 模型由于其形式简单，且具有试验基础，又能较好地描述地震损伤的机理，因而得到了较为广泛的应用。Park 模型也有其缺点，其中在模型计算上组合系数 β 不易确定，尽管 Park 等给出了估算组合参数 β 的经验公式，但统计离散性较大。

近年来，国内外学者针对各种各样的结构形式，提出了相对应的地震损伤模型，但大部分损伤模型的基础还是 Park 模型，即基本上是反应变形和能量综合损伤双参数地震损伤模型。针对钢结构的地震损伤分析，欧进萍等提出了如下的地震损伤模型。

$$D_0 = \left(\frac{x_m}{x_u}\right)^{\beta_1} + \left(\frac{E_h}{E_u}\right)^{\beta_1} \tag{2.8}$$

式中，x_m 为结构或构件在地震作用下的最大位移；E_h 为结构或构件在地震作用下的最大滞回耗能；x_u 为结构或构件的极限位移；E_u 为结构或构件的极限滞回耗能；β_1 为非线性组合系数，对于一般结构，取 $\beta_1 = 2.0$，对于重要结构，取 $\beta_1 = 1.0$。

环境作用下钢结构锈蚀会引起钢构件截面面积减小、钢材力学性能退化，进而引起钢构件乃至钢结构抗震性能的退化。将欧进萍等提出的地震损伤模型进行改造，得到锈蚀钢结构时变地震损伤模型。

$$D_0' = \left(\frac{x_m'}{x_u'}\right)^{\beta_1} + \left(\frac{E_h'}{F_y' x_u'}\right)^{\beta_1} \tag{2.9}$$

式中，D_0' 为锈蚀钢结构或构件在地震作用下的损伤值；x_m' 为锈蚀结构或构件在地震作用下的最大位移；E_h' 为锈蚀结构或构件在地震作用下的最大滞回耗能；x_u' 为锈蚀结构或构件的极限位移；F_y' 为锈蚀结构或构件的屈服剪力。

其中 x_m' 和 E_h' 可以通过对锈蚀结构或构件进行弹塑性时程分析求得；x_u' 和 F_y' 作为锈蚀结构或构件恢复力模型特征点参数，可以通过力学理论计算获得；β_1 的取值与式（2.8）中规定的相同。

在对完好结构及锈蚀结构进行弹塑性时程分析时采用杆系模型，所有构件均选用双折线恢复力模型。建立锈蚀构件恢复力模型的基本假定是：产生锈蚀的构件与未锈蚀构件的恢复力模型几何形状相似，但是两者在往复荷载作用下性能退化程度不同，导致模型参数值不同。而模型参数值的不同具体体现在：相比未锈蚀构件，锈蚀构件在地震作用下的强度和刚度衰减更快，变形和耗能能力会变得更差，而且随着锈蚀率的增大，这种现象会逐渐明显，最终将导致构件由延性破坏转变为脆性破坏。基于上述假定，未锈蚀构件与锈蚀构件双折线恢复力模型对比如图 2.9 所示。

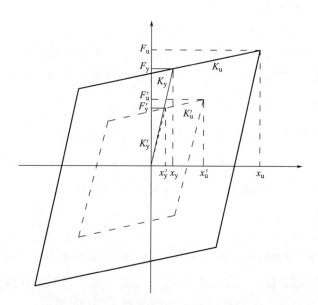

图 2.9　未锈蚀（实线）与锈蚀构件（虚线）双折线恢复力模型对比

钢框架结构包括框架柱和框架梁两种构件形式。因为框架梁和框架柱的力学模型是不同的，所以两种构件在式（2.9）中的屈服剪力 F'_y、极限位移 x'_u 需要分别计算，具体计算理论如下。

2.3.1.1　框架柱损伤模型参数的确定

计算钢框架结构中柱子的屈服剪力 F_{cy}、屈服位移 x_{cy} 时所采用的模型如图 2.10 所示。

根据结构力学知识可以计算出未锈蚀框架柱的屈服剪力 F_{cy}、屈服位移 x_{cy} 为

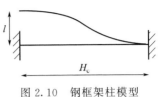

图 2.10　钢框架柱模型
H_c—框架柱计算高度

$$F_{cy} = \frac{2M_{cy}}{H_c} = \frac{4I_c f_{cy}}{H_c h_c} \qquad (2.10)$$

$$x_{cy} = \frac{f_{cy} H_c^2}{3E_c h_c} \qquad (2.11)$$

对于工字钢，根据参考文献［12］可知未锈蚀框架柱极限剪力 F_{cu} 和极限位移 x_{cu} 为

$$F_{cu} = \frac{4FI_c f_{cy}}{H_c h_c} \qquad (2.12)$$

$$x_{cu} = x_{cy} + \frac{F_{cu} - F_{cy}}{E_{cp}} \qquad (2.13)$$

$$E_{cp} = \alpha E_c \qquad (2.14)$$

式中，H_c 为框架柱计算高度；M_{cy} 为截面的初始屈服弯矩；h_c 为截面在弯矩方向的高度；f_{cy} 为屈服应力；I_c 为框架柱截面惯性矩；F 为钢构件截面的形状系数，对于工字形截面，F 通常取为 1.15；E_c 为钢柱材料在弹性阶段的弹性模量；E_{cp} 为钢柱塑性阶段的刚度；α 为钢材第二刚度系数，一般 $\alpha = 0.025$。

锈蚀率为 η 的框架柱屈服剪力 $F_{cy,\eta}$、屈服位移 $x_{cy,\eta}$、极限剪力 $F_{cu,\eta}$ 和极限位移 $x_{cu,\eta}$ 为

$$F_{cy,\eta} = \frac{2M_{cy,\eta}}{H_c} = \frac{4I_{c,\eta} f_{cy,\eta}}{H_c h_{c,\eta}} \qquad (2.15)$$

$$x_{cy,\eta} = \frac{f_{cy,\eta} H_c^2}{3E_{c,\eta} h_{c,\eta}} \qquad (2.16)$$

$$F_{cu,\eta} = \frac{4FI_{c,\eta} f_{cy,\eta}}{H_c h_{c,\eta}} \qquad (2.17)$$

$$x_{cu,\eta} = x_{cy,\eta} + \frac{F_{cu,\eta} - F_{cy,\eta}}{E_{cp,\eta}} \qquad (2.18)$$

$$E_{cp,\eta} = \alpha_\eta E_{c,\eta} \qquad (2.19)$$

式中，$M_{cy,\eta}$ 为锈蚀率为 η 的框架柱截面的初始屈服弯矩；$h_{c,\eta}$ 为锈蚀率为 η 的框架柱截面在弯矩方向的高度；$f_{cy,\eta}$ 为锈蚀率为 η 的框架柱屈服应力；$I_{c,\eta}$ 为锈蚀率为 η 的框架柱截面惯性矩；$E_{c,\eta}$ 为锈蚀率为 η 的框架柱材料

在弹性阶段的弹性模量；α_η 为锈蚀率为 η 的钢材第二刚度系数，本书假设 $\alpha_\eta = \alpha = 0.025$。

2.3.1.2　框架梁损伤模型参数的确定

计算钢框架结构中梁的屈服剪力 F_{by}、屈服位移 x_{by} 时所采用的模型如图 2.11 所示。

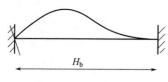

图 2.11　钢框架梁模型

H_b—框架梁计算高度

同理，根据图 2.11 可以计算出未锈蚀框架梁的屈服剪力 F_{by}、屈服位移 x_{by} 为

$$F_{by} = \frac{1.5 M_{by}}{H_b} = \frac{3 I_b f_{cy}}{h_b H_b} \tag{2.20}$$

$$x_{by} = \frac{f_{by} H_b^2}{4 E_b h_b} \tag{2.21}$$

对于工字钢，根据本章参考文献 [12] 可知未锈蚀框架梁极限剪力 F_{bu} 和极限位移 x_{bu} 为

$$F_{bu} = \frac{3 F I_b f_{by}}{H_b h_b} \tag{2.22}$$

$$x_{bu} = x_{by} + \frac{F_{bu} - F_{by}}{E_{bp}} \tag{2.23}$$

$$E_{bp} = \alpha E_b \tag{2.24}$$

锈蚀率为 η 的框架梁屈服剪力 $F_{by,\eta}$、屈服位移 $x_{by,\eta}$、极限剪力 $F_{bu,\eta}$ 和极限位移 $x_{bu,\eta}$ 为

$$F_{by,\eta} = \frac{1.5 M_{by,\eta}}{H_b} = \frac{3 I_{b,\eta} f_{by,\eta}}{h_{b,\eta} H_b} \tag{2.25}$$

$$x_{by,\eta} = \frac{f_{by,\eta} H_b^2}{4 E_{b,\eta} h_{b,\eta}} \tag{2.26}$$

$$F_{bu,\eta} = \frac{3 F I_{b,\eta} f_{by,\eta}}{H_b h_{b,\eta}} \tag{2.27}$$

$$x_{bu,\eta} = x_{by,\eta} + \frac{F_{bu,\eta} - F_{by,\eta}}{E_{bp,\eta}} \tag{2.28}$$

$$E_{bp,\eta} = \alpha_\eta E_{b,\eta} \tag{2.29}$$

式（2.20）～式（2.29）中的所有字母与式（2.10）～式（2.19）中的字母含义基本相同，唯一的区别是下角标带字母 c 表示的是框架柱的参数，下

角标带字母 b 表示的是框架梁的参数。

对柱的损伤模型参数进行转化。

将式（2.2）代入式（2.15），可得

$$F_{cy,\eta} = \frac{4I_{c,\eta}(1-0.802\eta)F_{cy}}{H_c h_{c,\eta}} \qquad (2.30)$$

将式（2.2）代入式（2.16），可得

$$x_{cy,\eta} = \frac{(1-0.802\eta)f_{cy}H_c^2}{3(1-0.951\eta)E_c h_{c,\eta}} \qquad (2.31)$$

同理，可将式（2.2）代入式（2.12）得

$$F_{cu,\eta} = \frac{4FI_{c,\eta}(1-0.802\eta)f_{cy}}{H_c h_{c,\eta}} \qquad (2.32)$$

将式（2.2）代入式（2.13）得

$$x_{cu,\eta} = x_{cy,\eta} + \frac{F_{cu,\eta}-F_{cy,\eta}}{(1-0.951\eta)\alpha E_c} \qquad (2.33)$$

同样的转化思路，可对梁的损伤模型参数进行转化，式（2.25）～式（2.28）分别转化为

$$F_{by,\eta} = \frac{3I_{b,\eta}(1-0.802\eta)f_{by}}{h_{b,\eta}H_b} \qquad (2.34)$$

$$x_{by,\eta} = \frac{(1-0.802\eta)f_{by}H_b^2}{4(1-0.951\eta)E_b h_{b,\eta}} \qquad (2.35)$$

$$F_{bu,\eta} = \frac{3FI_{b,\eta}(1-0.802\eta)f_{by}}{H_b h_{b,\eta}} \qquad (2.36)$$

$$x_{bu,\eta} = x_{by,\eta} + \frac{F_{bu,\eta}-F_{by,\eta}}{(1-0.951\eta)\alpha E_b} \qquad (2.37)$$

2.3.2　结构层损伤模型

通常在对框架结构进行抗震设计时，需要遵循"强柱弱梁、强节点弱构件"的原则，按此原则进行设计的结构在强震作用下一般会出现梁、柱构件完全破坏，而节点仅出现一些轻微裂缝，并未进入塑性变形阶段。因此，为了简化层损伤计算，在对钢框架结构进行层损伤分析时，只需要考虑该层框架梁、柱构件损伤对本层损伤的影响。

构件损伤的权重系数 $\omega_{ji,b}$ 和 $\omega_{ki,c}$ 分别表示本楼层内单根梁及单根柱构

件对楼层总体损伤的贡献大小。单层各个构件损伤权重系数的计算式如下。

$$\omega_{ji,b} = \frac{D_{ji,b}}{\sum\limits_{j=1}^{n} D_{ji,b} + \sum\limits_{k=1}^{n+1} D_{ki,c}} \quad \omega_{ki,c} = \frac{D_{ki,c}}{\sum\limits_{j=1}^{n} D_{ij,b} + \sum\limits_{k=1}^{n+1} D_{ki,c}} \tag{2.38}$$

式中，$D_{ji,b}$、$D_{ki,c}$ 分别为第 j 个框架梁、第 k 个框架柱的损伤值；$\sum\limits_{j=1}^{n} D_{ji,b}$、$\sum\limits_{k=1}^{n+1} D_{ki,c}$ 分别为第 i 层框架梁总损伤、第 i 层框架柱总损伤。

钢框架结构的层损伤模型定义如下。

$$D_i = \sum_{j=1}^{n} \omega_{ji,b} D_{ji,b} + \sum_{k=1}^{n+1} \omega_{ki,c} D_{ki,c} \tag{2.39}$$

式中，D_i 为第 i 层损伤值。

2.3.3 结构整体损伤模型

基于加权系数法的整体结构损伤模型基本形式如下。

$$D = \sum_{i=1}^{N} \lambda_i D_i \tag{2.40}$$

式中，λ_i 为第 i 层损伤权重系数；N 为结构总层数。

参考文献 [13] 中提出确定 λ_i 的方法如下。

$$\lambda_i = \sqrt{\gamma_i^2 + \mu_{D_i}^2} \tag{2.41}$$

$$\gamma_i = \frac{1}{\sqrt{N}} \quad \mu_{D_i} = \frac{D_i}{\sum\limits_{i=1}^{N} D_i} \tag{2.42}$$

式中，γ_i 为第 i 层位置权重系数；μ_{D_i} 为结构第 i 层损伤权重系数。

2.3.2 小节和 2.3.3 小节的内容同样适用于具有一定锈蚀率的钢框架结构，只是在式(2.39)、式(2.40) 中代入具有一定锈蚀率的柱、梁的损伤值即可。

2.3.4 基于损伤指标的震害等级确定

根据震后结构或构件的破损程度和破坏修复的难易程度，一般将震害等级划分为五个，即基本完好、轻微破坏、中等破坏、严重破坏和倒塌。目前国内外比较常用的钢、混凝土结构不同震害等级所对应的结构损伤指标范围见表 2.9。

表2.9 钢、混凝土结构不同震害等级所对应的结构损伤指标范围

文献作者	震害等级				
	基本完好	轻微破坏	中等破坏	严重破坏	倒塌
Park等	0~0.40		0.40~1.0		>1.0
欧进萍等	0.10	0.25	0.45	0.65	0.9
牛荻涛等	0~0.2	0.2~0.4	0.4~0.65	0.65~0.9	>0.9
江近仁等	0.228	0.254	0.42	0.777	1.0

鉴于目前钢框架结构地震损伤的研究结果有限，参考《中国地震烈度表》[18]中给出的震害指数及表2.9，并结合本书损伤模型的特点，定义了钢结构对应不同破坏等级的损伤指标范围，如表2.10所示。

表2.10 钢框架结构的损伤指标范围

损伤程度	基本完好	轻微破坏	中等破坏	严重破坏	倒塌
损伤指标范围	0~0.2	0.2~0.4	0.4~0.6	0.6~0.9	>0.9

2.3.5 锈蚀钢框架结构时变地震损伤模型的应用

2.3.5.1 钢框架结构设计参数

某一5层两跨平面钢框架结构，框架梁、柱采用工字钢，材质均为Q235B；梁、柱节点均采用焊接连接。结构所在地区抗震设防烈度为8度，并按Ⅱ类场地考虑。其框架结构形式及荷载分布如图2.12所示，梁、柱截面尺寸如表2.11所示。未锈蚀材料的弹性模量取为$2.06×10^5$ MPa，泊松比$\nu=0.3$。

上述钢框架结构一共设计4榀，锈蚀程度分别定义为未锈蚀、轻度锈蚀、中度锈蚀及重度锈蚀，以上锈蚀程度分别对应的结构服役龄期为20a、30a、40a、50a。根据第2.2节中"Q235碳钢在一般城市酸性大气环境中的平均腐蚀速率为0.02mm/a"的结论，0a、20a、30a、40a分别对应的钢材平均锈蚀深度（单

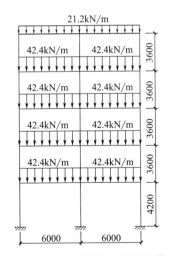

图2.12 5层两跨平面钢框架结构形式及荷载分布（单位：mm）

面）为 0mm、0.2mm、0.4mm、0.6mm。将以上锈蚀深度值代入式（2.6）和式（2.2）可以得到各锈蚀程度所对应的失重率及各失重率下钢材的屈服强度、极限强度、弹性模量，如表 2.12 所示。

表 2.11　钢框架梁、柱截面尺寸

结构构件	型钢型号	截面面积/mm²	截面惯性矩/cm⁴
梁	HM588×300×12×20	192.5	118000
中柱	HW400×400×13×21	219.5	56900
边柱	HW350×350×12×19	173.9	40300

表 2.12　各锈蚀程度所对应的钢材力学性能

锈蚀程度		未锈蚀	轻度锈蚀	中度锈蚀	重度锈蚀
失重率	梁	0	0.025	0.051	0.076
	中柱	0	0.022	0.044	0.066
	边柱	0	0.024	0.049	0.073
屈服强度 /MPa	梁	235	230.229	225.461	220.697
	中柱	235	230.830	226.664	222.500
	边柱	235	230.411	225.825	221.242
极限强度 /MPa	梁	383	373.741	364.488	355.242
	中柱	383	374.908	366.821	358.740
	边柱	383	374.093	365.193	356.300
弹性模量 /MPa	梁	206000	201102.4	196008.8	191111.1
	中柱	206000	201690.1	197380.1	193070.2
	边柱	206000	201298.3	196400.6	191698.9

2.3.5.2　钢框架结构有限元建模

运用 ABAQUS 有限元数值分析软件对不同龄期（20a、30a、40a、50a）的钢框架结构进行数值分析，为了考虑锈蚀对结构性能的影响，在进行有限元建模时考虑了结构在酸性大气环境中服役不同时间后因腐蚀造成钢材力学性能降低的影响。不同龄期的钢框架结构在建模时所需要输入的力学性能数据详见表 2.12。

在钢结构的弹塑性地震反应分析中应用最为广泛的是双线性（Bi-linear）

模型。该模型首次是由 Penizen（1962
年）根据钢材的试验结果提出的，考虑
了钢材的包辛格效应和应变硬化。双线
性模型又包括双线性随动强化（Bilinear
Kinematic，BKIN）模型和双线性等向
强化（Bilinear Isotropic，BISO）模型。
双线性随动强化模型如图 2.13 所示。该
模型可以反映包辛格效应，可应用于循
环加载和可能反向屈服的问题中。而双
线性等向强化模型则适用于初始为各向
同性材料的大应变问题。

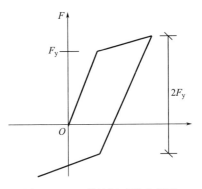

图 2.13　双线性随动强化模型

综上，在对在役钢框架结构有限元模型进行材料定义时应选用双线性
随动强化模型。

由于算例结构梁、柱试件沿轴线方向尺寸明显大于结构自身截面高度
和宽度方向尺寸，因此在建立有限元分析模型时可采用杆系模型，即梁、
柱试件均采用 ABAQUS 软件提供的 B21 梁单元进行模拟，同时结构各试
件之间为刚性连接，结构底端为固定端。由于算例结构为典型的钢框架结
构，计算量不是很大，为了在计算精度及计算时间之间取得平衡，本书在
网格划分时将网格长度取为 0.5m。

在结构振动中各种响应都是阻尼的函数，能否正确估计阻尼，将直接
影响结构动力分析结果的可靠性，阻尼值一个小的差异可能会导致结构响
应成倍甚至几十倍的变化。因此，在对结构进行非线性动力时程分析前先
要对结构进行模态分析，得到结构前两阶周期用于确定结构的阻尼系数。
由于在实际分析中较难准确确定结构的阻尼矩阵，在结构分析时采用 Ray-
leigh 阻尼计算结构阻尼系数，见式(2.43) 和式(2.44)。

$$[C] = \alpha[M] + \beta[K] \tag{2.43}$$

$$\begin{cases} \alpha = \dfrac{2\omega_1\omega_2\zeta}{\omega_1 + \omega_2} \\[2mm] \beta = \dfrac{2\zeta}{\omega_1 + \omega_2} \end{cases} \tag{2.44}$$

式中，$[C]$ 为阻尼矩阵；$[M]$ 为质量矩阵；$[K]$ 为刚度矩阵；α 为质量

阻尼系数；β 为刚度阻尼系数；ω_1、ω_2 为结构的前两阶自振圆频率，$\omega_i =$ $2\pi/T_i$；ζ 为结构阻尼比。《建筑抗震设计规范》（GB 50011—2010）规定，对钢结构进行弹塑性时程分析时，阻尼比取 0.05。

在对结构进行弹塑性时程分析之前，首先对结构进行模态分析，以获得结构前三阶振型的自振圆频率，利用式(2.44)计算不同龄期结构的质量阻尼系数 α、刚度阻尼系数 β。结构各振型周期详见表 2.13，所有钢框架结构模态分析应力云图见图 2.14。

表 2.13　结构各振型周期　　　　　　单位：s

服役龄期	第一阶振型周期	第二阶振型周期	第三阶振型周期
20a	0.948	0.3081	0.1769
30a	0.9592	0.3116	0.1789
40a	0.9710	0.3154	0.1811
50a	0.9825	0.3192	0.1832

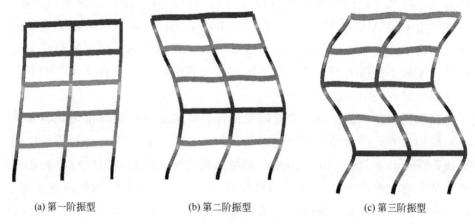

(a) 第一阶振型　　　　　　(b) 第二阶振型　　　　　　(c) 第三阶振型

图 2.14　所有钢框架结构模态分析应力云图

2.3.5.3　选择输入地震波

在增量动力时程分析中采用了 3 条具有代表性的远场地震动记录对结构进行动力时程分析（表 2.14），以此来研究不同地震波对多龄期结构损伤的影响。

表 2.14　ATC-63 建议的地震动输入

编号	震级	发生时间	名称	地震台	分量	峰值加速度（PGA）
1	6.5	1979 年	Imperial Valley, USA	EL Centro Array ♯11	NGA174-IMPVALL-H-E11230	0.38g
2	6.5	1987 年	Superstition Hills, USA	EL Centro Imp. Co.	NGA721-SUPERST-B-ICC000	0.36g
3	6.9	1989 年	Loma Prieta, USA	Gilroy Array ♯3	NGA767-LOMAP-G03000	0.56g

对地震动记录进行不等步调幅，每个算例结构分析时地震动记录最大加速度峰值依次取为 0.07g、0.215g、0.4g、0.62g、0.8g、0.9g、1.0g。将调幅后的地震动记录输入 ABAQUS 中，对 4 榀不同锈蚀率的钢框架结构进行弹塑性动力时程分析。

2.3.5.4　结果分析

利用锈蚀钢框架结构地震损伤模型计算得到不同锈蚀程度钢框架结构整体损伤值，如图 2.15 所示。

对比图 2.15(a)～(c)，由于频谱特性不一样，三条地震波作用下的钢框架结构的整体损伤计算值有所不同。对比图 2.15 (d) 中平均值：当峰值加速度为 0.8g 时，轻度锈蚀结构的损伤比未锈蚀结构损伤增大了约 2.28%，而中等锈蚀结构损伤比轻度锈蚀结构损伤增大了约 5.05%，严重锈蚀结构的损伤比中等锈蚀结构的损伤增大了约 8.19%。由此可以得到以下结论：在任何一条地震波作用下，钢框架结构的损伤值随锈蚀程度的增大而增大，而且结构损伤增大的幅度要比锈蚀程度增大的幅度要大。当地震动的峰值加速度调为 1.0g 时，严重锈蚀结构的损伤比中等锈蚀结构的损伤增大了约 10.7%，与峰值加速度为 0.8g 时损伤增大的 8.19% 相比可以看出：随着峰值加速度的增大，锈蚀率对结构损伤退化的影响越明显。

由于目前对不同锈蚀程度钢框架结构抗震性能的试验研究几乎空白，所以由算例得到的不同服役龄期钢框架结构整体损伤退化规律仅是定性的验证锈蚀钢框架损伤模型的合理性及有效性。

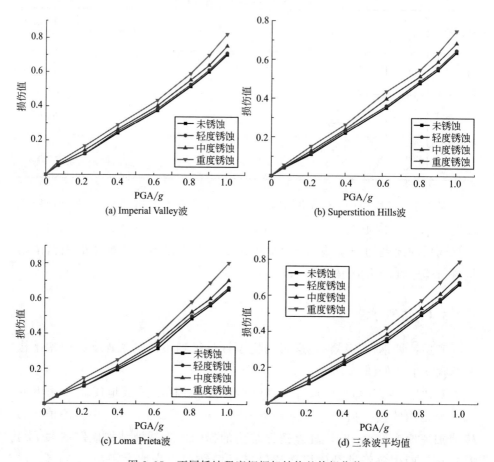

图 2.15　不同锈蚀程度钢框架结构整体损伤值

2.4　本章小结

①　腐蚀后的钢材基本力学性能指标与失重率的变化关系密切。对于不同厚度的钢材试样，在腐蚀时间相同的情况下，厚度越小的钢材，劣化程度越明显。这是由于在腐蚀时间相同的情况下，所有钢材厚度损失量相同，因此钢材厚度越小，失重率也就越大，即锈蚀程度越大，这与钢材材性试验结果规律基本吻合；随锈蚀程度的增加，屈服强度、极限强度、伸长率及弹性模量等都在不断下降，材料力学性能劣化明显。

② 针对钢框架柱、梁不同受力模型，分别确定锈蚀钢框架柱、梁损伤模型参数的计算公式；考虑由锈蚀造成的材料本构模型的退化，通过ABAQUS软件计算获得不同锈蚀率钢框架结构中柱、梁单元在地震作用下的最大位移及最大滞回耗能；最终得到框架结构中每个构件单元的损伤值。采用加权系数法建立锈蚀钢框架结构整体地震损伤模型，该模型能够考虑锈蚀构件损伤对整体结构损伤的影响。

③ 利用锈蚀损伤模型对算例进行有限元分析，得到以下两个结论：a.随锈蚀程度的增大，结构损伤的速率要比锈蚀程度增大的速率要快；b.随着峰值加速度的增大，锈蚀对结构损伤退化的影响越明显。以上两个结论可以定性反映锈蚀率对钢框架抗震性能的影响，为在役钢框架抗震性能的研究提供理论基础。

参考文献

[1] 欧进萍，牛荻涛，王光远.多层非线性抗震钢结构的模糊动力可靠性分析与设计 [J].地震工程与工程振动，1990，10（4）：27-37.

[2] GB/T 2975—1998.钢及钢产品力学性能试验取样位置及试样制备 [S].北京：中国标准出版社，1999.

[3] GB/T 25834—2010.金属和合金的腐蚀—钢铁户外大气加速腐蚀试验 [S].北京：中国标准出版社，2011.

[4] 陈露.腐蚀后钢材材料性能退化研究 [D].西安：西安建筑科技大学，2010.

[5] GB/T 228—2002.金属材料室温拉伸试验方法 [S].北京：中国标准出版社，2002.

[6] GB 50046—2008.工业建筑防腐蚀设计规范 [S].北京：中国计划出版社，2008.

[7] GB/T 15957—1995.大气环境腐蚀性分类 [S].北京：中国标准出版社，1996.

[8] 杨熙珍.金属腐蚀电化学热力学 [M].北京：化学工业出版社，1991.

[9] 刘新，时虎.钢结构防腐蚀和防火涂装 [M].北京：化学工业出版社，2005.

[10] 张全成，吴建生，等.近海大气中耐候钢和碳钢抗腐蚀性能的研究 [J].材料科学与工程，2001，19（2）：12-15，25.

[11] Park Y J，Ang A H S. Mechanistic seismic damage model for reinforced concrete [J]. Journal of Structural Engineering，ASCE，1985，111（4）：722-739.

[12] 贾庆国.钢框架结构地震作用下累积损伤分析及试验研究 [D].南京：南京工业大学，2003.

[13] 郑山锁，侯丕吉，等.SRHSHPC框架结构地震损伤试验研究 [J].工程力学，2012，29（7）：84-92.

[14] 王斌.型钢高强高性能混凝土构件及其框架结构的地震损伤研究 [D].西安：西安建筑科技大

学，2010.

[15] 欧进萍，牛荻涛，王光远.非线性钢筋混凝土抗震结构的损失评估与优化设计 [J].土木工程学报，1993，26（5）：25-29.

[16] 牛荻涛，任利杰.改进的钢筋混凝土结构双参数地震破坏模型 [J].地震工程与工程振动，1996，16（4）：44-54.

[17] 江近仁，孙景江.砖结构的地震破坏模型 [J].地震工程与工程振动，1987，7（1）：20-34.

[18] GB/T 17742—2008.中国地震烈度表 [S].北京：中国标准出版社，2009.

[19] 叶列平，马千里，缪志伟.抗震分析用地震动强度指标的研究 [J].地震工程与工程振动，2009，29（3）：9-22.

[20] 史炜洲.钢材腐蚀对住宅钢结构性能影响的研究与评估 [D].上海：同济大学，2009.

[21] 潘典书.锈蚀 H 型钢构件受弯承载性能研究 [D].西安：西安建筑科技大学，2009.

第3章 酸性大气环境下钢框架柱抗震性能试验及恢复力模型

目前，很多学者分别对腐蚀或地震作用对钢结构构件力学性能的影响进行了详尽的研究，但对具有不同锈蚀程度的钢结构构件抗震性能的研究却鲜有报道。

本章具体介绍酸性大气环境下锈蚀钢框架柱进行低周反复荷载试验，锈蚀钢框架柱在地震作用下的损伤破坏过程、形态和抗震性能退化规律以及考虑损伤影响的恢复力模型。

3.1 试验概况

3.1.1 试件设计与制作

试验共设计了 6 榀截面尺寸均为 HW250×250×9×14 的钢框架柱试件，为了保证框架柱试件在试验过程中不被破坏，在柱试件底部做一个刚度较大的底梁。型钢试件和钢板均采用 Q235 钢，截面尺寸如图 3.1 所示，试件设计参数见表 3.1。

表 3.1　试件设计相关参数

试件编号	钢材规格	钢材牌号	轴压比	锈蚀程度
Column-1	HW250×250×9×14	Q235B	0.2	轻度锈蚀
Column-2	HW250×250×9×14	Q235B	0.2	重度锈蚀
Column-3	HW250×250×9×14	Q235B	0.4	轻度锈蚀
Column-4	HW250×250×9×14	Q235B	0.2	中度锈蚀
Column-5	HW250×250×9×14	Q235B	0.3	轻度锈蚀
Column-6	HW250×250×9×14	Q235B	0.2	未锈蚀

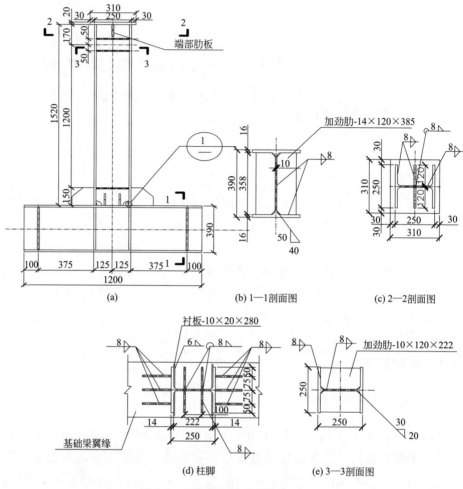

图 3.1 试件截面尺寸（单位：mm）

加载简图和试验加载装置见图 3.2 及图 3.3。

3.1.2 加速腐蚀试验方案及材性试验

为获得不同锈蚀程度的钢框架柱及材性试件，需要对钢框架柱及材性试件进行人工加速腐蚀。

3.1.2.1 加速腐蚀试验方案

由于实际大气暴露试验时间周期长且试验受区域性限制，为了缩短试

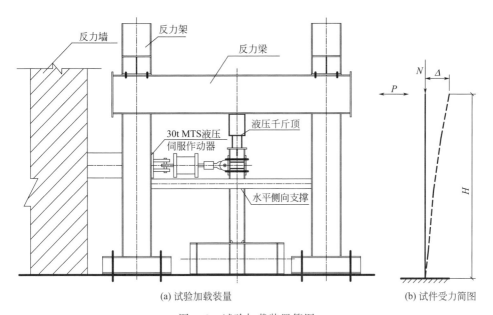

(a) 试验加载装量　　　　　　　　　　　　(b) 试件受力简图

图 3.2　试验加载装置简图

P—水平荷载；N—竖向荷载；H—柱高；Δ—水平侧移

验时间并在一定程度上真实预测钢材腐蚀情况，试验时采用室内加速腐蚀方法。利用 ZHT/W2300 气候模拟系统对所有试件的进行酸性大气盐雾试验，如图 3.4 所示。

ZHT/W2300 气候模拟系统由重庆五环实验仪器有限公司设计生产，最大功率可达 95kW；气候室内最低温度可降至 −20℃，最高温度可达 80℃，可根据需要设定合适的温度；气候室顶部设有 16 个可升降淋雨喷头并有完善的喷水和排水系统，可根据试验需求控制室内湿度；同时室内两侧设有 8 个盐雾喷头，可将配置好的盐雾溶液输入气

图 3.3　试验加载装置

候室内；系统还配备有先进的智能数字控制系统，可将室内温湿度、实测温湿度、总运行时间、阶段运行时间、加热状态、淋雨时间等编制好程序，从而实现对试验的全程监控。

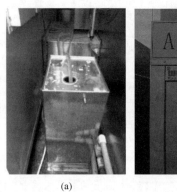 

(a) (b)

图 3.4 ZHT/W2300 气候模拟系统

（1）试验溶液的配制 为了模拟酸性大气环境，依据《金属和合金的腐蚀酸性盐雾、"干燥"和"湿润"条件下的循环加速试验》（GB/T 24195—2009）配制盐雾试验溶液。

试验溶液的配制方案详见 2.1.3 小节。

（2）试验的连续性

① 在整个试验期，试验最好不要中断。如果需要中断试验进程进行取样检查，中断时间要尽可能的短。

② 如果试验终点取决于开始出现腐蚀的时间，应经常检查试样。

③ 可定期目视检查预定试验周期的试样，但是在检查过程中，不能破坏试样表面，开箱检查的时间与次数应尽可能少。

（3）盐雾沉降的速度

① 经 24h 喷雾后，每 $80cm^2$ 上盐雾沉降率为 1～2mL/h；NaCl 浓度为 $50g/L\pm5g/L$；pH 值的范围在 3.4～3.6 之间，方可进行试验。

② 用过的喷雾溶液不再使用。

③ 试验期间的温度和压力应稳定在规定范围内。

（4）试验周期 《金属和合金的腐蚀酸性盐雾、"干燥"和"湿润"条件下的循环加速试验》（GB/T 24195—2009）推荐如下周期：3 个循环（24h），

6个循环（48h），12个循环（96h），30个循环（240h），45个循环（360h），60个循环（480h），90个循环（720h），180个循环（1440h）。本次试验周期为120个循环，每个循环试验时间8h，共960h；其中酸性盐雾2h，"干燥"条件4h，"湿润"条件2h，具体参数见表3.2。

表 3.2 周期盐雾复合腐蚀试验参数

项目	试验条件
氯化钠溶液	5%（质量分数）
溶液 pH 值	3.5～3.6
盐雾状态	时间 2h；喷雾 5min；间隔 5min
湿润状态	时间 2h；温度 50℃±5℃；相对湿度＞95%
干燥状态	时间 4h；温度 60℃±5℃；相对湿度＜30%
试验状态转换时间间隔	盐雾-干燥＜30min 干燥-湿润＜15min 湿润-盐雾＜30min

试件腐蚀过程详见图3.5所示。

图 3.5 试件腐蚀过程

3.1.2.2 材性试验

（1）材性试件设计 采用切割工艺将材性单向拉伸试件直接从型钢

上切割下来，并采用车床加工成符合《金属材料室温拉伸试验方法》（GB 228—2002）要求的试件。共有三种厚度，分别为 6.5mm、9mm 和 14mm。每种试件各 24 个，3 个为一组，共 24 组，其尺寸大小如图 3.6 所示。

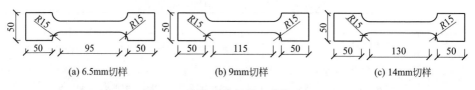

(a) 6.5mm切样　　　　　　(b) 9mm切样　　　　　　(c) 14mm切样

图 3.6　拉伸试件切样（单位：mm）

　　（2）锈蚀试件的处理　根据试验的要求，每隔 320h 取出一批试件，材性试验共分为 4 个锈蚀程度。此批锈蚀试件的除锈方法详见 2.1.4 小节。

　　根据记录数据计算得到每个试件的失重率，如表 3.3 所列。

表 3.3　失重率记录

试件腐蚀时间/h	试件厚度		
	14mm	9mm	6.5mm
0	0	0	0
	0	0	0
320	0.0198	0.0268	0.0380
	0.0179	0.0289	0.0360
640	0.0409	0.0560	0.0710
	0.0392	0.0536	0.0729
960	0.0639	0.0930	0.1260
	0.0680	0.0940	0.1239

　　（3）拉伸试验　此次拉伸试验的过程与第 2 章中材性试验的拉伸过程一致，不再赘述。

　　（4）试验数据　试验输出结果为试件在单向拉伸过程中的力-位移曲线，经后期处理得到钢材的屈服强度 f_y、极限强度 f_u 以及钢材的弹性模量 E_s，对断裂后的试件的伸长量进行测量，可以得到该钢材的伸长率 δ。

试验具体结果如表 3.4～表 3.7 所列。

表 3.4 钢材屈服强度 f_y 单位：MPa

试件腐蚀时间/h	试件的厚度/mm		
	14	9	6.5
0	337.22	336.06	335.12
	335.96	333.15	333.51
	334.99	334.62	336.67
320	331.13	330.06	323.08
	329.13	326.13	322.76
	329.88	328.14	323.03
640	324.64	322.24	320.64
	320.8	319.16	318.71
	316.89	320.71	316.8
960	313.63	308.98	309.47
	314.88	310.37	308.51
	314.26	311.72	307.6

表 3.5 钢材极限强度 f_u 单位：MPa

试件腐蚀时间/h	试件的厚度/mm		
	14	9	6.5
0	385.67	383.35	382.49
	384.01	380.88	381.5
	382.32	382.11	380.5
320	380.62	376.73	371.79
	373.39	374.64	372.98
	377.01	372.54	372.4
640	368.58	365.25	364.36
	365.7	367.85	365.76
	371.46	366.56	366.97
960	360.99	352.73	363.67
	353	356.03	358.13
	356.99	349.46	352.59

表 3.6　钢材弹性模量 E_s　　　　　　　　　　单位：MPa

试件腐蚀时间/h	试件的厚度/mm		
	14	9	6.5
0	206473.6	209294.7	205768.3
	207404.1	208348.1	204808.3
	207984.9	207481.1	203450.9
320	207884.1	204256.9	202040.3
	205566.8	202745.6	200025.2
	206696.2	203274.3	200914.5
640	197707.8	198715.4	195793.5
	195692.7	197204.1	194483.6
	196666.7	197846.6	194896.8
960	193073.1	192367.8	183803.5
	191561.7	190957.2	182796.1
	192182.9	188879.1	181445.4

表 3.7　钢材伸长率 δ

试件腐蚀时间/h	试件的厚度/mm		
	14	9	6.5
0	0.3391	0.326	0.3373
	0.3403	0.3298	0.3415
	0.3434	0.3274	0.3347
320	0.3353	0.3227	0.3307
	0.3285	0.3248	0.3214
	0.3305	0.3212	0.3254
640	0.321	0.311	0.3211
	0.3165	0.3084	0.3133
	0.3192	0.312	0.3174
960	0.3096	0.2962	0.3052
	0.3039	0.2982	0.2932
	0.3054	0.2964	0.3012

3.1.3   加载制度

采用变幅值位移控制加载制度，具体加载过程见图 3.7。

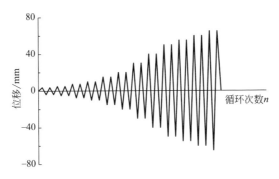

图 3.7   变幅值位移控制加载过程

3.1.4   测试内容及测试仪器布置方案

试验测试内容有：钢框架柱顶水平位移及水平荷载、柱脚翼缘及腹板处的应变、滞回曲线等。其中，钢框架柱顶水平位移及水平荷载通过 MTS 电液伺服作动器自带的位移荷载传感器进行输出和采集。柱脚翼缘、腹板处测定点的设置与应变片的布置方案如图 3.8 所示。

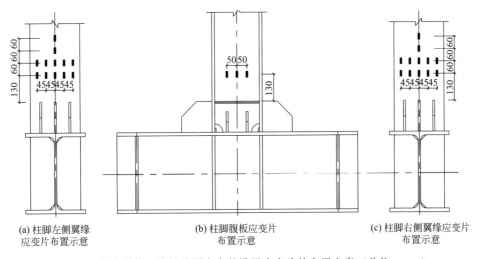

(a) 柱脚左侧翼缘　　　　　　(b) 柱脚腹板应变片　　　　　　(c) 柱脚右侧翼缘应变片
　　应变片布置示意　　　　　　　布置示意　　　　　　　　　　布置示意

图 3.8   柱脚翼缘、腹板处测定点的设置应变片的布置方案（单位：mm）

3.2 试验结果及分析

3.2.1 试件变形破坏形态

6 榀钢框架柱均发生延性较好的破坏形式。在加载初期阶段，位移幅值较小，框架柱处于弹性变形阶段，柱顶端反力与位移成正比例增加，框架柱的左右翼缘并没有发生较为显著的变形。随着水平位移的增大，钢柱开始进入屈服阶段。框架柱的右翼缘距离加劲肋约 180mm 处开始出现较为轻微的塑性变形，如图 3.9(a) 所示；同时，框架柱左翼缘距离加劲肋约 100mm 处也开始出现塑性变形，如图 3.9(b) 所示。

(a) 右翼缘塑性变形　　　　　　　　　　　(b) 左翼缘塑性变形

图 3.9　试件进入塑性阶段

加载后期，位移幅值逐渐增大、循环次数逐渐增多，造成试件的损伤逐渐累积，试验中主要表现为框架柱左右翼缘塑性变形越来越大、柱底端塑性铰开始形成并发展；随着加载进程的继续，柱底端的塑性变形更为显著，试件水平承载能力开始出现明显下降。柱底端塑性铰完全形成，柱腹板也出现明显的塑性变形并鼓起，此时框架柱的水平承载力已经降为其极限承载力的 85% 以下；竖向荷载的承载能力也基本丧失，在竖向荷载作用下开始出现以柱底端塑性铰为圆心的侧向偏移，如图 3.10 所示，试件宣告破坏，试验结束。

(a) 柱底腹板出现屈曲   (b) 柱出现侧向偏移鼓起变形

图 3.10 塑性铰形成阶段

试验结束时，各个试件的破坏状态如图 3.11 所示。

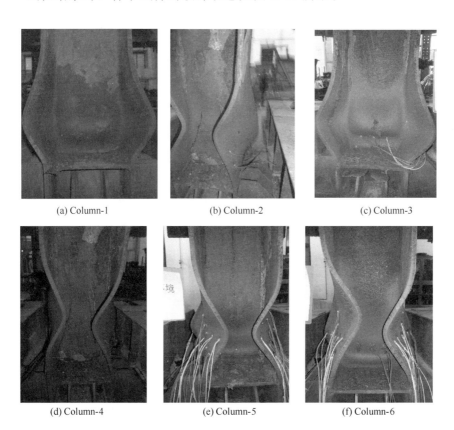

(a) Column-1   (b) Column-2   (c) Column-3

(d) Column-4   (e) Column-5   (f) Column-6

图 3.11 各个试件破坏状态

3.2.2 滞回性能与强度退化

试件在反复循环荷载作用下所得到的荷载-位移（P-Δ）滞回曲线，可以很好地反应框架柱在水平往复受力过程中的力学性能，滞回曲线的形状特征是结构抗震性能的综合体现。试验所有试件的滞回曲线如图 3.12 所示。

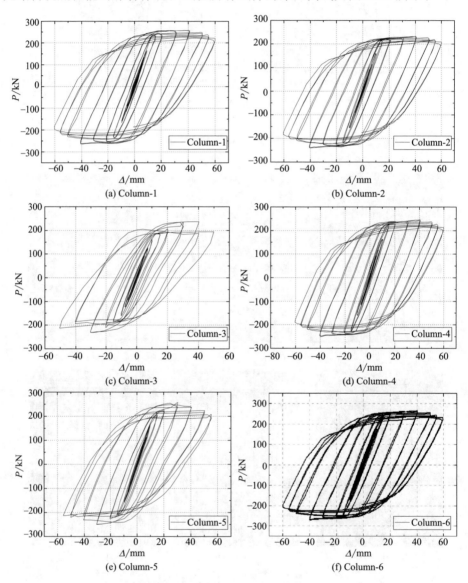

图 3.12　试验所有试件的滞回曲线

通过分析各试件滞回曲线的特点，可以得到如下结论。

① 所有试件的滞回曲线均为饱满的梭形曲线环，没有捏拢现象，而且滞回环所包围的面积比较大，说明各个试件均有较好的耗能能力。上述现象表明，与未锈蚀钢框架柱相比，在一定锈蚀程度内的钢框架柱破坏形态没有发生质的改变。

② 在框架柱的承载能力达到极限承载能力之前，各试件的荷载-位移曲线形状基本相似，同一级位移幅值的加载环和卸载环基本处于重合的状态，表明框架柱基本处于弹性变形阶段，基本没有产生塑性变形，同时其刚度退化和强度衰减尚不明显；在达到极限承载力之后，各试件的滞回环的形状开始发生变化，在同一级位移幅值的不同循环加载中，试件强度及刚度随循环次数的增加开始出现较为明显的衰减；随着位移幅值级数的增加，即在不同级别位移幅值的循环加载中，框架柱强度衰减与刚度退化现象逐步加重。

③ 对比试件 Column-1、Column-5、Column-3 的滞回曲线，可以明显看出：轴压比对框架柱损伤发展的影响较为显著；轴压比相对较小的试件，其滞回曲线的形状比较饱满，在达到荷载最大值后曲线的形状也比较稳定，试件的性能随加载的进行而缓慢衰减，表现为可承受的加载循环的次数多，强度衰减的程度低，变形能力和耗能能力强的特点。轴压比较大的试件，其滞回曲线形状比较饱满，但其形状随着轴压比的增大开始变得不稳定，而且强度、刚度等性能指标衰减相对较为迅速，试件的变形能力和可承受的循环次数等性能均劣于轴压比相对较小的试件。产生上述现象的原因是，随着水平位移幅值的增大，较大轴力的试件产生的附加弯矩也较大，试件损伤也会较大。

④ 对比相同轴压比、不同锈蚀程度试件的滞回曲线可以看出，在相同级别位移幅值处，框架柱的强度、刚度以及耗能能力随其锈蚀程度的增加均减小。

试件的强度衰减是指在加载过程中，试件的承载力随着加载幅值增大及循环次数的增加而发生降低的现象。试件在往复荷载作用下强度产生衰减的主要原因是：a. 对于变幅加载制度下的试件，位移幅值在加载过程中会逐渐增大，试件产生的塑性变形越大，由此产生的损伤也将随之增大；b. 随着加载循环次数的增大，试件的累积损伤也越来越大。图 3.13 给出了试件强度与循环次数的变化关系曲线。

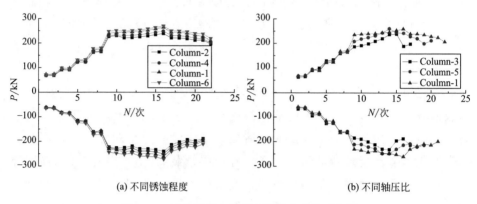

(a) 不同锈蚀程度　　　　　　　　(b) 不同轴压比

图 3.13　试件强度与循环次数的变化关系曲线

分析图 3.13 所示的强度衰减曲线，可以得到如下结论。

① 试件在加载过程中，其水平反力值随着加载先逐步提升，然后趋于平稳，最后开始衰减。其原因主要是因为前期试件处于弹性阶段，基本不存在损伤；随着加载的继续，试件进入塑性发展阶段，此阶段框架柱的损伤开始产生并发生累积和发展，水平反力增加趋于平稳，直至达到试件的极限承载力；而后试件开始进入塑性破坏阶段，当其损伤累积到了一定程度时，框架柱承载力开始衰减直至试件发生破坏。

② 图 3.13(a) 给出了不同锈蚀程度下试件承载力与循环次数的变化关系。对比 Coulmn-2、Coulmn-4、Coulmn-1、Coulmn-6 四个试件的强度衰减曲线可以看出，曲线从一开始的弹性阶段就出现偏差，说明锈蚀试件的锈蚀损伤在加载开始前就已经存在；随锈蚀程度越大，试件强度衰减程度越明显。

③ 由图 3.13(b) 所示曲线可以看出，随着轴压比的增大，试件承载力衰减的速度有所加快，表现在强度衰减曲线越来越陡峭；同时随着试件轴压比的增大，曲线的稳定程度有所下降。

3.2.3　骨架曲线和刚度退化

试件的骨架曲线是指在循环往复加载试验中所得到的滞回曲线图上，将同一方向各级加载的第一循环的峰值点（亦称为开始卸载点），依次连接所得到的曲线[8]。骨架曲线可以有效地反映出试件在整个试验过程中的屈服荷载、峰值荷载、极限荷载及延性指数等指标；同时还可以反映出试件在加载过程中的损伤过程，如强度、刚度及耗能能力等参数的变化过程。图 3.14 给出了试件的骨架曲线及其对比。

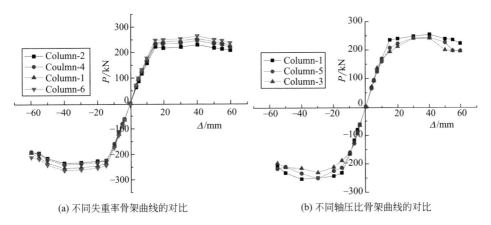

(a) 不同失重率骨架曲线的对比　　　　　(b) 不同轴压比骨架曲线的对比

图 3.14　试件的骨架曲线及其对比

分析图 3.14 所示的骨架曲线，可以得到如下结论。

① 根据试件损伤程度的演化，其受力过程可分为弹性、塑性发展和塑性破坏三个阶段。其中弹性阶段试件基本处于未损伤状态；塑性发展阶段，试件的损伤开始产生并稳定地增长；塑性破坏阶段，试件损伤的增长速度变得迅速，直至试件破坏。

② 试件的骨架曲线，其塑性发展阶段的正向加载部分和负向加载部分并不完全重合，其正向加载部分的承载力要略高于负向加载部分的承载力。该现象出现的原因是，在进行负向加载前试件在正向加载下已出现了一定的塑性变形和能量损耗，试件已经存在一定的损伤，从而使得负向加载承载力发生下降。

③ 如图 3.14(a) 所示，对比 Column-6、Coulmn-1、Coulmn-4、Coulmn-2 四个试件的骨架曲线可以看出，随着试件锈蚀程度的不断加深，试件的弹性模量及极限承载能力都在不断下降。

④ 如图 3.14(b) 所示，随着轴压比增加，试件的峰值荷载随之下降，骨架曲线的下降趋势也随着轴压比的增加而变得更加陡峭。表明框架柱的强度衰减随着轴压比的增加逐步加重，且幅度较大，延性也越来越差。

根据《建筑抗震试验方法规程》（JGJ 101—1996）中所述方法，定义原点与某次循环的荷载峰值连线的斜率为等效刚度。在循环反复荷载作用下，刚度和强度一样随着试件损伤的产生和累积均会衰减。图 3.15 给出了试件刚度退化曲线及其对比。

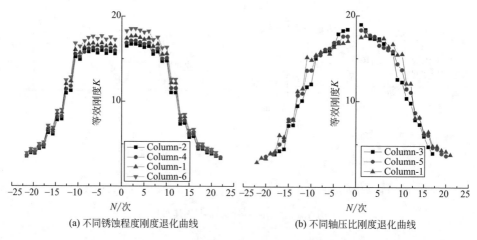

(a) 不同锈蚀程度刚度退化曲线   (b) 不同轴压比刚度退化曲线

图 3.15　试件刚度退化曲线及其对比

分析图 3.15 所示的刚度退化曲线及其对比，可以得到如下结论。

① 从图中各个曲线的走势可以看出，从加载开始，试件的刚度就处于不断变化中，在达到峰值荷载之前，试件没有产生很大的塑性变形，其刚度变化不是很明显；当试件达到峰值荷载时，试件此时已经存在较大的塑性变形，其刚度退化随着位移幅值的增大而越来越显著，体现在刚度退化曲线越来越陡峭。另外，可以看出左右两侧的曲线并不对称，正向比负向相对较大，原因与之前所述相同，属正向循环加载产生的损伤使得负向加载时试件的刚度出现偏小所致。

② 如图 3.15（a）所示为不同锈蚀程度下试件刚度退化的对比。可以看出，各刚度退化曲线从一开始的弹性阶段就出现偏差，由此可以看出试件的损伤从加载开始前就已经产生，即锈蚀使得试件产生了一定的损伤，导致试件的刚度出现折减；随锈蚀程度增大，试件刚度退化程度变得严重。

③ 如图 3.15（b）所示为不同轴压比下试件刚度退化的对比。可以看出，相比于轴压比较小的构件，轴压比较高试件的刚度退化更加明显。

3.2.4　滞回耗能

　　试件在加载过程中会发生局部的屈曲、屈服、形成塑性铰等现象，这种现象就是试件在消耗外界所给予的能量的体现。这种能力的大小体现在滞回曲线当中就是曲线当中滞回环所包围面积的大小，该数据反映了试件的耗能能力。滞回环所包围的面积越大，其耗能能力就越大，也就意味着试件能够抵御外来能量的能力越强。图 3.16 所示曲线体现了

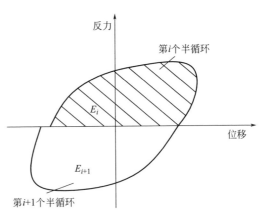

图 3.16　滞回耗能、半循环次数示意

耗能大小 E_i 与加载半循环次数的定义，其中 E_i 为第 i 半循环试件所消耗的能量；i 为半循环的次数。

　　图 3.17 给出了试件滞回耗能与半循环次数之间的关系曲线，可以得出以下结论。

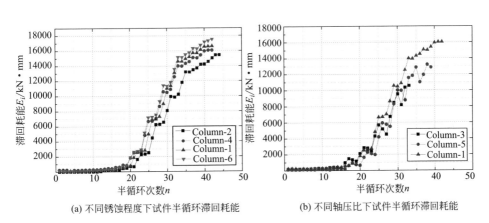

(a) 不同锈蚀程度下试件半循环滞回耗能　　　　(b) 不同轴压比下试件半循环滞回耗能

图 3.17　试件滞回耗能与半循环次数关系曲线

　　① 加载初期，试件处于弹性状态下没有产生塑性变形，其所消耗的能量基本为零；随着加载的继续，试件所消耗的能量逐步增长，曲线的走势

越来越陡峭，但在加载的后期趋于平缓，产生此现象的原因是在加载中期，试件不断产生新的塑性变形，较大程度地消耗了能量；而在加载后期，试件基本处于破坏状态，塑性铰完全形成，没有新的塑性变形产生，能量消耗趋于平缓。

② 如图 3.17（a）所示为不同锈蚀程度下试件滞回耗能对比。可以看出，各试件滞回耗能曲线形状基本类似，但由于锈蚀程度不同使得试件的耗能能力存在一定的差异，锈蚀程度越深，试件的耗能能力越弱。

③ 如图 3.17（b）所示为不同轴压比下试件滞回耗能对比。可以看出，加载初期，不同轴压比下试件的耗能基本相当；随着位移幅值或循环次数的增加，轴压比较小试件的耗能能力明显优于轴压比大的试件。

为了更加详尽地研究以上关系，图 3.18 给出了试件在加载全程累计耗能与半循环次数的关系曲线。

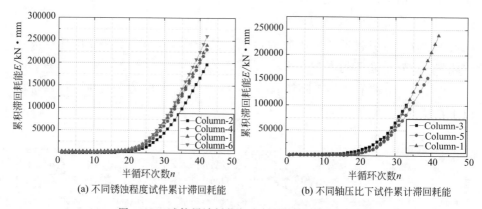

(a) 不同锈蚀程度试件累计滞回耗能   (b) 不同轴压比下试件累计滞回耗能

图 3.18　试件累计耗能与半循环次数的关系曲线

由图 3.18 曲线可以得到以下结论：

① 试件累计滞回耗能随着锈蚀程度的增大而减小；

② 试件累计滞回耗能随着轴压比增大而减小。

以上结论说明，锈蚀程度及轴压比越小的试件，其耗能能力越强。

3.3　试验结论

通过低周反复荷载作用下的不同锈蚀程度的钢框架柱损伤试验研究，

可以得出如下结论。

① 锈蚀对钢框架柱的抗震性能有较大的影响，主要表现在以下两个方面：a.锈蚀使得钢框架柱有了一个初始的损伤，造成反应试件抗震性能的各性能指标（包括强度、刚度、滞回耗能等）出现不同程度的衰减；b.随锈蚀程度的增大，钢框架柱的抗震能力逐渐减弱。

② 锈蚀钢框架柱在反复荷载作用下的滞回曲线，其形态饱满，与未锈蚀钢框架柱相比，在一定锈蚀程度内的钢框架柱破坏形态没有发生质的改变。锈蚀钢框架柱的损伤演化过程基本可以分为弹性、塑性发展和塑性破坏三个阶段，与以上三个阶段相对应的钢框架柱损伤发展的三个状态分别是损伤的产生、损伤的稳定发展及损伤的剧烈发展。

③ 随轴压比的增大，钢框架柱的强度衰减和刚度退化加快，其耗能能力减弱，呈现出较差的延性。

3.4 锈蚀钢框架柱恢复力模型

大多数恢复力模型是通过对大量试验所获得的关系曲线进行适当的抽象与简化后所得的应用数学模型。目前，针对钢结构或构件恢复力模型建立的研究已经相当成熟，而对在役或锈蚀钢结构或构件的恢复力特性的研究却是寥寥无几。从上述试验也可以看出，锈蚀试件与未锈蚀试件的滞回曲线存在明显差异，为了更为准确地描述锈蚀钢框架柱的滞回性能，亟待建立锈蚀钢框架柱的恢复力模型。

3.4.1 恢复力模型研究现状

在对结构进行弹塑性动力反应分析时，需对试验滞回曲线进行一定的简化，建立弹塑性恢复力模型。根据各类结构构件反复荷载下滞回曲线的特点，常用的骨架线模型有双线型、三线型和曲线型；卸载规则有保持初始刚度型和刚度退化型；再加载规则有保持卸载刚度型、最大位移指向型、滑移-强化型，必要时可进一步考虑反复荷载下承载力退化的影响。由这些骨架线模型、卸载和再加载规则，可组合得到各种滞回模型。

（1）双线型滞回模型　这是最早进行弹塑性动力分析所采用的模型，目前仍常用于钢结构，详见图3.19。其骨架线为双线型，按初始刚度 k 沿

OA 加载达到屈服点 A 后，按直线 AB 继续，AB 段的刚度可表示为 βk，当 $\beta=0$ 时，骨架线为理想弹塑性型；当 $\beta>0$ 时，为强化型；当 $\beta<0$ 时，为负刚度型，也称为倒塌型。

当到达位移 x_m（B 点）时变形减小（速度反号），沿 BC 按卸载刚度 k_r 卸载，卸载刚度 k_r 可根据已达到的最大位移 x_m 按式（3.1）确定。

$$k_r = k \left| \frac{x_m}{x_y} \right|^{-a} \tag{3.1}$$

式中，a 为卸载刚度系数，取值范围在 $0\sim1$ 之间，当 $a=0$ 时，卸载刚度等于初始刚度；当 $a>0$ 时，卸载刚度小于初始刚度，为刚度退化型；当 $a=1$ 时，卸载刚度等于卸载点与原点 O 连线的斜率，为原点指向型。对钢筋混凝土构件，一般取 $a=0.4\sim0.5$。

卸载至荷载等于 0（C 点），将沿 CD 进入反向再加载，CD 段斜率与卸载刚度 k_r 一致。D 点为反向屈服，BD 段在竖向荷载轴的投影为 $2F_y$。若卸载时荷载未达到 0 即变形反向（GH 段），则按原卸载刚度再加载至原卸载点 G。

（2）Clough 滞回模型　考虑钢筋混凝土结构滞回曲线的特征，Clough 对反向再加载采用最大位移指向型修改了上述双线型模型，如图 3.20 所示。卸载至零后，反向再加载曲线指向以往最大位移点 $(-x_m, -F_m)$，当首次反向时指向反向屈服点。

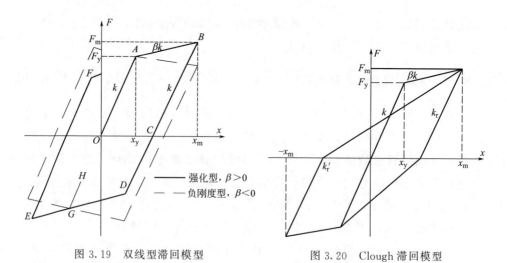

图 3.19　双线型滞回模型　　　　图 3.20　Clough 滞回模型

（3）Takeda 滞回模型　考虑钢筋混凝土开裂的影响，采用三线型骨架线，并对卸载刚度做了修改，还进一步规定了内滞回规则，见图 3.21。卸载刚度按式（3.2）确定。

$$k_r = \frac{F_c + F_y}{x_c + x_y} \left| \frac{x_m}{x_y} \right|^{-a} \tag{3.2}$$

式中，F_c、F_y 分别为对应开裂和屈服时的荷载；x_c、x_y 分别为对应开裂和屈服时的位移。内滞回再加载指向前一外滞回环的最大点。当忽略开裂影响而采用双线型骨架线时，除内滞回环规则考虑更多一些外，Takeda 滞回模型与 Clough 滞回模型基本相同。

（4）滑移型滞回模型　钢筋混凝土构件产生剪切破坏情况，由于反向加载时需先使正向斜裂缝闭合后，构件承载力才能增加，因此其滞回曲线为捏拢型，即反向加载为滑移-强化型（图 3.22）。较为常用的是在 Takeda 滑移滞回模型，即在 Takeda 滞回模型基础上，对反向加载部分按滑移-强化型修正得到。

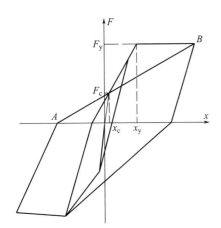

图 3.21　Takeda 滞回模型

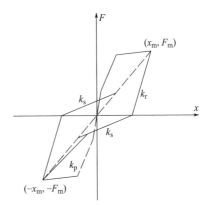

图 3.22　滑移型滞回模型

记荷载卸载至零时的位移为 x_0，则反向再加载滑移刚度为

$$k_s = \frac{F_m}{x_m - x_0} \left| \frac{x_m}{x_y} \right|^{-\lambda} \tag{3.3}$$

式中，λ 为滑移刚度系数，Takeda 建议取 0.5。当按滑移刚度加载与以往最大点和原点连线相交时，则按最大点和原点连线向以往最大点 $(-x_m，-F_m)$ 加载，即滑移强化刚度为

$$k_p = \frac{F_m}{x_m} \tag{3.4}$$

对于正反向承载力不同的情况，Kabeyasawa 将滑移刚度和滑移强化刚度进行修改。

滑移刚度

$$k_s = \frac{F_m}{x_m - x_0} \left| \frac{x_m}{x_m - x_0} \right|^{-\gamma} \tag{3.5}$$

滑移强化刚度

$$k_p = \eta \left(\frac{F_m}{x_m} \right) \tag{3.6}$$

式中，当滑移刚度系数 $\gamma = 0$ 时，为最大位移指向型，即无滑移；当 $\gamma > 1$ 时，滑移十分显著。当滑移强化刚度系数 $\eta = 1$ 时，式（3.4）与式（3.6）相同；滑移强化刚度随 η 减小而降低。再加载规则为：荷载卸载至零后，按滑移刚度反向加载，当与从以往最大点按滑移强化刚度作的直线相交时，则开始进入滑移强化。

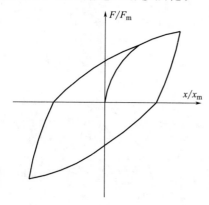

图 3.23 Ramberg Osgood 滞回模型

（5）Ramberg Osgood 滞回模型

该模型为曲线形式，适用于钢结构，如图 3.23 所示。其初始骨架曲线为

$$\frac{d}{x_y} = \frac{F}{F_y} + \eta \left(\frac{F}{F_y} \right)^{\gamma} \tag{3.7}$$

该曲线的初始刚度为 F_y / x_y，曲线的形状由参数 γ 确定。当 $\gamma = 0$ 时，为线弹性；当 γ 趋于无穷时，为理想弹塑性。

当从 (F_0, x_0) 卸载时，卸载和反向加载曲线为

$$\frac{x - x_0}{2x_y} = \frac{F - F_0}{2F_y} + \eta \left(\frac{F - F_0}{2F_y} \right)^{\gamma} \tag{3.8}$$

再加载曲线同式（3.8），直至达到前一外滞回环的最大点。

以上五种滞回模型中，只有双线型恢复力模型和 Ramberg Osgood 恢复力模型适用于钢结构。Ramberg Osgood 模型的刚度是连续变化的，与实际工程较为接近，模拟精度较高，但是刚度的确定和计算方法存在不足，

较少采用。虽然双线型模型的精度不如 Ramberg Osgood 模型高，但这种模型形式简单，计算工作量小，精度能够达到钢结构计算需要，便于应用，因而这种模型被广泛应用于钢结构的动力弹塑性分析中。

双线型恢复力模型一般不考虑刚度的退化，计算出的位移比实际位移小。为了更加真实地反应锈蚀钢结构在承受反复加载时弹塑性区域的工作状态，在双线型恢复力模型的基础上，根据试验结果考虑滞回曲线的刚度退化，建立基于损伤的锈蚀钢框架柱恢复力模型。

3.4.2 基于损伤的锈蚀钢框架柱恢复力模型的建立

T. Takeda 和 M. Sozen 提出的基于损伤指数的恢复力模型，如图 3.24 所示，该模型的特点在于其描述的屈服点不是固定不变的，而是随着损伤程度的增加而降低，反向加载时指向最新的屈服点。此模型可以反映损伤对构件强度和刚度等力学性能的影响。

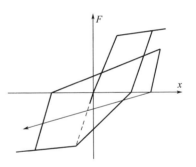

恢复力模型主要由两部分组成，分别是骨架曲线和滞回规则。通常采用较为可靠的理论公式确定骨架曲线上的关键点，本书第 2 章已经通过理论推导确定了锈蚀钢框架构件骨架曲线上的关键点。而滞回规则的确定主要依据低周反复加载试验。

图 3.24　基于损伤指数的恢复力模型

3.4.2.1　骨架曲线的确定

通过对比不同锈蚀程度的钢框架柱的骨架曲线（图 3.14）可以看出，产生锈蚀的构件与未锈蚀构件的骨架曲线几何形状相似，但是两者在往复荷载作用下性能退化程度不同，导致模型参数值不同。模型参数值的不同具体体现在：相比未锈蚀构件，锈蚀构件在地震作用下的强度和刚度衰减更快，变形和耗能能力会变得更差，而且随着锈蚀程度的增大，这种现象会逐渐明显，最终将导致构件由延性破坏转变为脆性破坏。

根据试验骨架曲线，将未锈蚀与锈蚀钢框架柱的骨架曲线简化为带硬化段的双折线型骨架曲线模型，如图 3.25 所示。图 3.25 中字母的含义详见第 2 章。

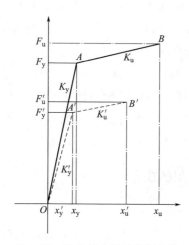

图 3.25 简化的未锈蚀钢框架柱（实线）与锈蚀钢框架柱（虚线）的骨架曲线及各特征点

理想的带硬化段的双折线骨架曲线模型的具体划分如下。

（1）弹性段 由试验现象可知，所有试件在屈服之前均未发生显著的变形，基本处于弹性阶段，加载曲线的斜率基本恒定。因此，可以把钢框架柱屈服前的骨架曲线简化为坐标原点至屈服点的连线，即图 3.25 中的 OA 或 OA' 直线段，此阶段的刚度为初始刚度 $K_{y,\eta}$。

$$K_{y,\eta} = \frac{F_{y,\eta}}{x_{y,\eta}} \tag{3.9}$$

式中，$K_{y,\eta}$ 为锈蚀率为 η 的框架柱初始刚度；$F_{y,\eta}$ 为锈蚀率为 η 的框架柱屈服荷载；$x_{y,\eta}$ 为锈蚀率为 η 的框架柱屈服位移。

（2）硬化段 试件屈服后，试件出现塑性变形，相比较初始刚度，此时的试件刚度较小。此阶段可以简化为骨架曲线上屈服点（F_y, x_y）与峰值荷载点（F_u, x_u）或（F'_y, x'_y）与（F'_u, x'_u）的连线，即图 3.25 中的 AB 段或 $A'B'$ 段。此阶段的刚度为硬化刚度，用来描述结构构件屈服后的受拉钢化效应，硬化刚度与初始刚度之间满足下列表达式。

$$K_{u,\eta} = \alpha_{s,\eta} K_{y,\eta} \tag{3.10}$$

式中，$K_{u,\eta}$ 为锈蚀率为 η 的框架柱初始刚度；$\alpha_{s,\eta}$ 为锈蚀率为 η 的钢框架柱的硬化系数，本书假设 $\alpha_{s,\eta} = \alpha_s$。

式(3.9)、式(3.10) 及图 3.25 中所有骨架曲线特征的计算详见第 2 章。

3.4.2.2 钢框架柱剩余强度的确定

由图 3.14 可以看出，钢框架柱的损伤从进入塑性变形阶段开始便产生并逐渐累积和发展，当损伤累积到了一定的程度，钢框架柱的强度开始衰减直至破坏。为了定量描述钢框架柱强度的衰变规律，利用损伤建立钢框架柱剩余强度模型。

S. Kumar 和 T. Usami 通过对箱形钢柱抗震性能的试验研究，提出了钢柱剩余强度与损伤之间呈指数衰减规律。

$$P = A e^{-qD} \tag{3.11}$$

式中，A、q 为相关系数；P 为构件的剩余强度。

假定构件处于无损状态，亦即损伤值 $D=0$ 时，对应一个假想最大强度 P_{in}。在单调静力加载下，构件的剩余强度由最大值 P_{in} 衰减到其实际峰值荷载 P_m 的 85% 时，认为构件破坏，亦即当损伤值 $D=1$ 时，构件的剩余强度 $P=0.85P_m$，则钢框架柱的剩余强度可表达为

$$P = P_{in} e^{-\left[\ln\left(\frac{P_{in}}{0.85P_m}\right)\right]D} \tag{3.12}$$

同时对上式两边取对数，得到

$$P = P_{in}\left(\frac{0.85P_m}{P_{in}}\right)^D \tag{3.13}$$

$$P_{in} = e^{\frac{\ln P_m - D_m \ln(0.85P_m)}{1-D_m}}$$

式中，P_{in} 为假想的无损状态时构件单调静力加载下所对应的强度最大值，如图 3.26 所示；P_m 为单调静力加载下构件的峰值荷载；D_m 为单调静力加载下构件达到峰值荷载 P_m 时所对应的损伤值。

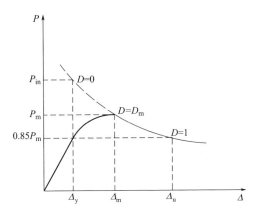

图 3.26　单调静力加载下钢柱强度退化示意

3.4.2.3　滞回曲线的简化

在反复荷载作用下结构或构件的荷载-位移曲线称为滞回曲线（滞回环）。它反映构件在反复受力过程中的变形特征、刚度退化及能量消耗，是确定恢复力模型和进行非线性地震反应分析的依据。结构或构件滞回曲线的典型形状一般有梭形、弓形、反 S 形、Z 形四大基本形态，如图 3.27 所示。

梭形说明滞回曲线的形状非常饱满，反映出整个结构或构件的塑性变形能力很强，具有很好的抗震能力和耗能能力。例如受弯、偏压、压弯以及不发生剪切破坏的弯剪构件，具有良好塑性变形能力的钢框架结构或构件的 P-Δ 滞回曲线即呈梭形。

弓形具有"捏缩"效应，显示出滞回曲线受到了一定的滑移影响。滞

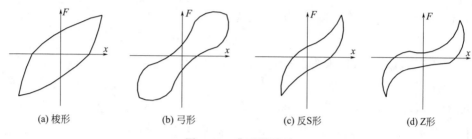

(a) 梭形　　　　　(b) 弓形　　　　　(c) 反S形　　　　　(d) Z形

图 3.27　典型滞回环

回曲线的形状比较饱满，但饱满程度比梭形要低，反映整个结构或构件的塑性变形能力比较强，节点低周反复荷载试验研究性能较好，能较好地吸收地震能量。

反 S 形反映出更多的滑移影响，滞回曲线的形状不饱满，说明该结构或构件延性和吸收地震能量的能力较差。

Z 形反映出滞回曲线受到了大量的滑移影响，具有滑移性质。

由图 3.12 可以看出，所有钢框架柱的滞回环基本接近梭形，相比于未锈蚀钢框架柱，锈蚀钢框架柱的滞回环相对较扁，耗能能力较低。试件屈服前的加、卸载曲线基本接近于直线，直线的斜率基本恒定，试件没有发生力学性能的退化。而试件屈服以后，滞回环的加、卸载曲线具有如下特点。

（1）加载曲线　试件屈服前，每个循环的加载曲线基本重合，曲线斜率即为初始刚度；试件屈服后，加载曲线的斜率（即试件加载刚度）随循环次数的增加以及位移幅值的增大而减小，且减小的幅度逐渐增大。对比不同锈蚀程度试件的滞回曲线，同一加载循环次数下，曲线斜率随锈蚀程度的增大而减小，说明试件刚度衰减速度随锈蚀程度的增大而加快。

（2）卸载曲线　试件屈服前，每个循环的卸载曲线与加载曲线基本重合，卸载刚度与初始刚度基本相同；试件屈服后，卸载曲线的斜率（即试件卸载刚度）随循环次数的增加以及位移幅值的增大而不断减小。完全卸载后，试件存在一定残余变形。同向卸载曲线中，后一次卸载后的残余变形比前一次卸载后的残余变形大；相比于未锈蚀钢框架柱，锈蚀钢框架柱的残余变形较大。

根据试验得到的框架柱的滞回曲线特点（图 3.12），对滞回曲线进行简化，如图 3.28 所示。

由图 3.28 可以看出，钢框架柱在整个循环加、卸载过程中共经历了三个过程，分别是：弹性段（*OA* 段、*FG* 段、*CD* 段、*IJ* 段）、强化段（*AB* 段、*GH* 段、*ED* 段、*JK* 段）、卸载段（*BC* 段、*HI* 段、*EF* 段、*KL* 段）。以上三个阶段所对应的刚度分别为初始刚度（或加载刚度）、硬化刚度以及卸载刚度。

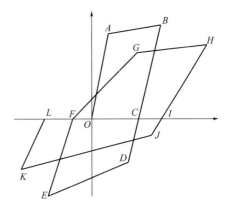

图 3.28　锈蚀钢框架柱的简化滞回曲线

根据试验获得的锈蚀钢框架柱的滞回曲线可以看出，随着荷载循环次数的增加以及水平位移幅值的增大，试件的加载刚度、硬化刚度、卸载刚度、屈服荷载以及峰值荷载均在持续减小。因此，为了获得锈蚀钢框架柱试件完整的滞回曲线，需要确定试件各项性能的退化情况。

3.4.2.4　循环退化指数

基于本章参考文献［6］提出的循环退化指数对锈蚀钢框架柱试件各项性能的退化情况进行定量描述。

参考文献［6］在建立型钢高强高性能混凝土框架柱恢复力模型时，基于试件损伤提出了如下循环退化指数。

$$\beta_i = \left(\frac{\Delta D_i}{1 - D_{i-1}}\right)^{\varphi} \tag{3.14}$$

式中，ΔD_i 为第 i 次加载循环时试件损伤值的增量；D_{i-1} 为第 i 次加载循环之前试件累积损伤值；φ 为相关系数，根据试验结果分析取 $\varphi = 1.2$。

该循环退化指数是以试件在循环加载下的损伤程度来描述试件性能的退化，同时考虑了加载路径对循环退化指数的影响。

将上述循环退化指数公式进行改造，得到锈蚀钢框架柱循环退化指数。

$$\beta_{i,\eta} = \left(\frac{\Delta D_{i,\eta}}{1 - D_{i-1,\eta}}\right)^{\varphi} \tag{3.15}$$

式中，$\Delta D_{i,\eta}$ 为第 i 次加载循环时锈蚀率为 η 的框架柱损伤值的增量；$D_{i-1,\eta}$ 为第 i 次加载循环之前锈蚀率为 η 的框架柱累积损伤值；φ 为相关系数，根据试验结果分析取 $\varphi = 1.2$。

循环退化指数 $\beta_{i,\eta}$ 的取值在 [0，1] 之间，其值越接近 1，说明框架柱的性能退化越严重。若 $\beta_{i,\eta} < 0$ 或 $\beta_{i,\eta} > 1$，则表示框架柱在某次循环加载下损伤值增量超过了剩余损伤值，认为框架柱失效，故失效准则可表示为

$$\Delta D_{i,\eta} > 1 - D_{i-1,\eta} \tag{3.16}$$

（1）屈服荷载的退化　通过观察锈蚀钢框架柱滞回曲线可以看出，试件屈服后，其屈服荷载随加载循环次数的增加而降低。屈服荷载的退化规律定义为

$$P^{\pm}_{yi,\eta} = (1 - \beta_{i,\eta}) P^{\pm}_{y(i-1),\eta} \tag{3.17}$$

式中，$P^{\pm}_{yi,\eta}$ 为第 i 次加载循环之后锈蚀率为 η 的框架柱屈服荷载；$P^{\pm}_{y(i-1),\eta}$ 为第 i 次加载循环之前锈蚀率为 η 的框架柱屈服荷载。上标"$\pm$"代表加载方向，其中"$+$"表示正向加载，"$-$"表示反向加载，下文表示亦相同。

（2）硬化刚度的退化　与屈服荷载相同，试件硬化刚度随加载循环次数的增加也出现不断退化，硬化刚度的退化规律定义为

$$K^{\pm}_{ui,\eta} = (1 - \beta_{i,\eta}) K^{\pm}_{u(i-1),\eta} \tag{3.18}$$

式中，$K^{\pm}_{ui,\eta}$ 为第 i 次加载循环之后锈蚀率为 η 的框架柱硬化刚度；$K^{\pm}_{u(i-1),\eta}$ 为第 i 次加载循环之前锈蚀率为 η 的框架柱硬化刚度。

（3）卸载刚度的退化　试验结果表明，在弹性阶段和弹塑性阶段，锈蚀钢框架柱的卸载刚度并未产生明显退化，其值与初始刚度 $K_{y,\eta}$ 基本相同。但当水平荷载幅值达到峰值荷载而使结构处于塑性受力状态后，框架柱的卸载刚度随加载循环次数的增加而不断退化，其退化规律可用式（3.19）描述。

$$K^{\pm}_{di,\eta} = (1 - \beta_{i,\eta}) K^{\pm}_{d(i-1),\eta} \tag{3.19}$$

式中，$K^{\pm}_{di,\eta}$ 为第 i 次加载循环之后锈蚀率为 η 的框架柱的卸载刚度；$K^{\pm}_{d(i-1),\eta}$ 为第 i 次加载循环之前锈蚀率为 η 的框架柱的卸载刚度。

（4）再加载刚度的退化　由前面滞回曲线的简化定义可知，再加载刚度是在其上次循环的卸载刚度的基础上进行退化的，其退化规律可由式（3.20）表示。

$$K^{\pm}_{ri,\eta} = (1 - \beta_{i,\eta}) K^{\pm}_{di,\eta} \tag{3.20}$$

式中，$K^{\pm}_{ri,\eta}$ 为第 i 次加载循环之后试件的再加载刚度。

3.4.2.5　滞回规则

通过对锈蚀钢框架柱各项性能退化规律的描述，得到基于损伤的锈蚀钢框架柱恢复力模型，详见图 3.29 所示。

锈蚀钢框架柱的滞回规则如下。

① 锈蚀钢框架柱屈服前，加、卸载均沿骨架曲线的弹性段（图 3.29 中的 01 段）进行。

② 锈蚀钢框架柱屈服后，加载路径沿骨架曲线的硬化段（图 3.29 中的 12 段）进行；卸载时，首先根据第 2 章提出的损伤模型，即式（2.9），计算卸载点（图 3.29 中的 2 点）对应的损伤值，同时按式（3.15）计算相应的退化指数 $\beta_{i,\eta}$，并依次由式（3.20）、式（3.17）、式（3.18）计算出构件滞回曲线的再加载

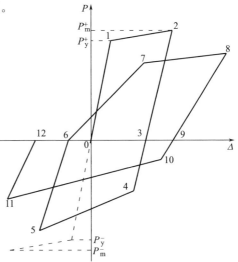

图 3.29　基于损伤的锈蚀钢框架柱恢复力模型

刚度（图 3.29 中的 34 段）、屈服荷载、硬化刚度（图 3.29 中的 45 段），然后加载。若未加载至试件的剩余强度便卸载，首先根据第 2 章的损伤模型，即式（2.9），计算卸载点（图 3.29 中的 5 点）处对应的损伤值，同时计算出前一个半循环卸载点（图 3.29 中 2 点）与此处卸载点（图 3.29 中的 5 点）的损伤值增量 $\Delta D_{i,\eta}$，然后根据式（3.15）重新计算退化指数 $\beta_{i,\eta}$，卸载时的刚度（图 3.29 中的 56 段）可根据式（3.19）计算。如果加载至构件的剩余强度，构件的剩余强度由式（3.12）确定，卸载时刚度的计算同前，再加载时的路径与前述相同。

3.5　恢复力模型的验证

利用本书提出的锈蚀钢框架柱恢复力模型计算 Column-6、Column-1、

Column-4、Column-2 四个试件的滞回曲线和骨架曲线，并与试验滞回曲线、骨架曲线做对比，如图 3.30 和图 3.31 所示。表 3.8 给出了骨架曲线各特征点的试验值与计算值，由表中数据可以看出，所有特征点计算值与试验值的相对误差均小于 8.535％，满足精度要求。

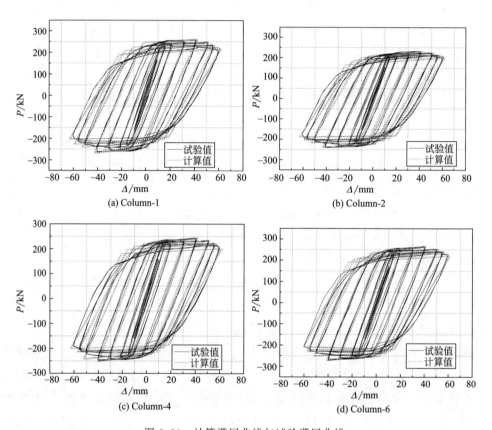

图 3.30　计算滞回曲线与试验滞回曲线

　　由表 3.8 可以看出，通过本章所建恢复力模型计算的骨架曲线特征点取值随锈蚀程度的增大而降低，从而反映出本章所建恢复力模型可以很好地描述不同锈蚀程度对钢框架柱抗震性能的影响。

　　由图 3.30 和图 3.31 可以看出，计算滞回曲线与试验滞回曲线以及计算骨架曲线与试验骨架曲线吻合较好，能够反应锈蚀钢框架柱的强度、刚度循环退化效应，验证了该恢复力模型的适用性。

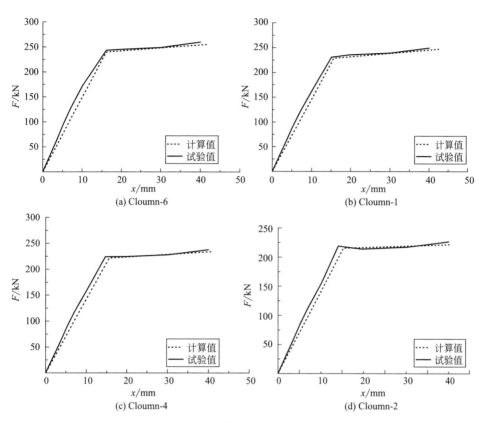

图 3.31　计算骨架曲线与试验骨架曲线

表 3.8　骨架曲线特征点试验值与计算值

	特征点	F_y/kN	x_y/mm	F_u/kN	x_u/mm
	试验值	243.31	16.07	259.83	40.06
Column-6	计算值	239.84	16.05	255.11	41.84
	相对误差/%	−1.426	−0.124	−1.817	4.443
	试验值	230.92	15.02	249.84	44.85
Column-1	计算值	228.63	15.65	247.79	43.11
	相对误差/%	−0.992	4.194	−0.821	−3.88
	试验值	224.41	14.65	237.94	43.07
Column-4	计算值	221.63	15.58	234.37	41.42
	相对误差/%	−1.239	6.348	−1.500	−3.831
	试验值	218.93	14.06	226.61	40.10
Column-2	计算值	215.21	15.26	221.53	40.24
	相对误差/%	−1.699	8.535	−2.242	0.3491

3.6　本章小结

① 锈蚀对钢框架柱的抗震性能有较大的影响，主要表现在以下两个方面：a.锈蚀使得钢框架柱有了一个初始的损伤，造成反应试件抗震性能的各性能指标（包括强度、刚度、滞回耗能等）出现不同程度的衰减；b.随锈蚀程度的增大，钢框架柱的抗震能力逐渐减弱。

② 锈蚀钢框架柱在反复荷载作用下的滞回曲线，其形态饱满，与未锈蚀钢框架柱相比，在一定锈蚀程度内的钢框架柱破坏形态没有发生质的改变。锈蚀钢框架柱的损伤演化过程基本可以分为弹性、塑性发展和塑性破坏三个阶段，与以上三个阶段相对应的钢框架柱损伤发展的三个状态分别是损伤的产生、损伤的稳定发展及损伤的剧烈发展。

③ 随轴压比增大，钢框架柱的强度衰减和刚度退化加快，其耗能能力减弱，呈现出较差的延性。

④ 基于拟静力试验建立的锈蚀钢框架柱恢复力模型，既描述了地震损伤对钢框架柱抗震性能的影响，又表达了腐蚀损伤对钢框架柱抗震性能的影响。

参考文献

[1] 田进.酸性大气环境下城市多龄期钢框架地震易损性分析 [D].西安：西安建筑科技大学，2014.

[2] 韩彦召.城市多龄期钢框架结构地震损伤模型及结构地震易损性研究 [D].西安：西安建筑科技大学,2014.

[3] GB/T 24195—2009.金属和合金的腐蚀酸性盐雾、"干燥"和"湿润"条件下的循环加速试验 [S].北京：中国标准出版社，2009.

[4] GB 228—2002.金属材料室温拉伸试验方法 [S].北京：中国标准出版社，2010.

[5] 彭春华.型钢高强高性能混凝土柱轴压比限值试验研究与理论分析 [D].西安：西安建筑科技大学，2008.

[6] 王斌，郑山锁，国贤发，等.考虑损伤效应的型钢高强高性能混凝土框架柱恢复力模型研究 [J].建筑结构学报，2012，3 (6)：69-76.

[7] 石永久，王萌，王元清.钢框架不同构造形式焊接节点抗震性能分析 [J].工程力学，2012，29 (7)：75-83.

[8] JGJ 101—1996.建筑抗震试验方法规程 [S].北京：中国建筑工业出版社，1997.

[9] 陈亮.高强不锈钢绞线网用于混凝土柱抗震加固的试验研究 [D].北京：清华大学，2004.

［10］ Nielsen N N，Imbeault F A. Validity of various hysteretie systems ［J］. Proceedings of the 3rd Japan National conference on Earthquake Engineering，1971：707-714.

［11］ Clough R W，Johnson S B. Effect of stiffness degradation on Earthquake Ductility Requirements ［J］. Proceedings of the 2nd Japan National conference on Earthquake Engineering，1966：227-232.

［12］ Mahin S A，Bertero V V. Rate of loading effect on uncracked and repaired reinforced Concrete members ［J］. Earthquake Engineering Research Center University of California，1972：73-6.

［13］ Takeda T，Sozen M A，Neilsen N N. Reinforced concrete response to simulated earthquakes ［J］. ASCE，J. Struct. Div.，1970，96（12）：2557-2573.

［14］ Kumar S，Usami T. An evolutionary degrading hysteretic model for thin-walled steel structures ［J］. Engineering structures，1996，18（7）：504-14.

［15］ Ramberg W，Osgood W R，Description of stress strain curves by three parameters ［R］. Technical Note No. 902，National Advisory Committee for Aeronautics，Washington，DC. 1943.

［16］ Jennings P C. Earthquake response of yielding structure ［J］. Journal of Engineering Mechanics Division，ASCE，1965，91：41-67.

［17］ Bazant Z P，Bhat P D. Endothermic theory of inelasticity and failure of concrete ［J］. Journal Engineering Mechanics Division，ASCE，1976，102：701-722.

［18］ Ozdemir H. Nonlinear transient dynamic analysis of yielding structures ［D］. PhD dissertation，University of California，Berkeley，California. 1976.

［19］ Bouc R. Force vibration of mechanical systems with hysteresis ［J］. Proceedings of the 4th Conference on Nonlinear Oscillations，Prague Czechoslovakia，1967：315-330.

［20］ Wen Y K. Method for random vibration of hysteretic systems ［J］. Journal of Engineering Mechanics，ASCE，1976，102：249-263.

［21］ 李红泉，贾国庆，吕西林，等. 钢框架结构在地震作用下累积损伤分析及试验研究 ［J］. 建筑结构学报，2003，25（3）：69-74.

［22］ Kumar S，Usami T. Damage evaluation in steel box columns by cyclic loading tests ［J］. Journal of structural Engineering，ASCE，1996，122：626-634.

［23］ 王斌，郑山锁，国贤发，等. 型钢高强高性能混凝土框架柱地震损伤分析 ［J］. 工程力学，2012，29（2）：61-68.

［24］ 郑山锁，王斌，等. 低周反复荷载作用下型钢高强高性能混凝土框架柱损伤试验研究 ［J］. 土木工程学报，2011，44（9）：1-10.

［25］ 张学士. 通过植筋加固连接形成框架节点的抗震性能研究 ［D］. 邯郸：河北工程大学，2013.

［26］ 马永欣，郑山锁. 结构试验 ［M］. 北京：科学出版社，2001.

［27］ 过镇海，时旭东. 钢筋混凝土原理与分析 ［M］. 北京：清华大学出版社，2003.

［28］ 张志伟. SRC 柱变形性能及恢复力特性试验研究 ［D］. 福州：华侨大学，2007.

［29］ 陈宏，李兆凡，石永久，等. 钢框架梁柱节点恢复力模型的研究 ［J］. 工业建筑，2002，32（6）：64-65/59.

［30］ 王学民. 锈蚀钢筋混凝土构件抗震性能试验与恢复力模型研究 ［D］. 西安：西安建筑科技大学，2003.

第4章 酸性大气环境下多龄期钢框架地震模拟振动台试验

传统的抗震试验方法主要有以下三种：拟静力试验、拟动力试验及振动台试验。拟静力试验的整个试验历程是由研究者主观确定的，与实际地震作用历程无关，而且其加载周期长，不能反映实际地震作用与应变速率的关系。而振动台模型试验主要从宏观方面研究结构地震破坏机理、破坏模式和薄弱部位，评价结构整体抗震能力。振动台模型试验是目前所有试验方法中最为直接的试验方法，在试验中能详细地了解结构在大震作用下的抗震性能，对构件的破坏机理有直观的了解。

本章介绍酸性大气环境下不同锈蚀程度钢框架结构地震模拟振动台试验，分析钢框架结构的抗震性能随锈蚀程度增大的退化规律，验证平面框架拟静力试验所揭示的酸性环境影响下不同锈蚀程度钢框架结构地震破坏机理以及抗震能力的衰变规律的正确性，为建立我国典型城市建筑的地震易损性模型和风险性评估模型提供直接试验震害资料。

4.1 酸性大气环境下锈蚀钢材材性试验

4.1.1 试验目的

钢材材性试验的目的如下。

① 测定钢结构材性试件在酸性大气环境作用下一定时间（0d、120d）内的失重率。

② 测定酸性大气环境下不同锈蚀程度钢材的力学性能指标，即屈服强度、极限强度、屈强比和伸长率。

材性试件腐蚀及拉伸试验过程详见第2章。

4.1.2 锈蚀钢材力学性能试验结果

根据试验的要求，对钢材试件进行 120d 的腐蚀，然后测量其失重率，如表 4.1 所示。

通过对酸性大气环境不同锈蚀时间的型钢材性试件进行拉伸试验，分别得到腐蚀时间为 0d、120d 的钢材试件的力学性能，如表 4.2 所示。

表 4.1　失重率平均值

锈蚀天数	试件厚度				
	6mm	7mm	8mm	9mm	10mm
0d	0	0	0	0	0
120d	0.1826	0.1522	0.1395	0.1210	0.1078

表 4.2　钢材试件力学性能

腐蚀时间	试件的厚度 /mm	屈服强度均值 /MPa	极限强度均值 /MPa	弹性模量 /MPa	伸长率均值
0d	6	336.06	384.00	207287.5	0.3409
	7	338.23	384.67	206965.2	0.3576
	8	334.61	382.11	208374.6	0.3277
	9	335.10	381.50	204675.8	0.3378
	10	337.41	386.28	207982.6	0.3632
120d	6	288.81	321.84	170453.0	0.2477
	7	291.65	323.54	171176.2	0.2523
	8	305.82	324.41	171234.9	0.2632
	9	306.53	333.18	179825.4	0.2863
	10	308.12	331.87	181003.5	0.2876

4.2　钢框架结构地震模拟振动台试验

4.2.1　试验目的和内容

4.2.1.1　试验目的

试验目的是考察酸性环境作用下锈蚀钢框架结构的动力特性，以及以上环境下锈蚀对框架结构地震反应的影响；通过振动台试验验证前期构件及平面框架拟静力试验所揭示的酸性环境影响下不同服役龄期结构地震破坏机理以及结构抗震能力的衰变规律的正确性；评价无锈蚀、锈蚀钢框架结构的抗震能力，并提出相应的建议和改进措施；为建立我国典型城市建筑的地震易损性模型和风险性评估模型提供直接试验震害资料。

4.2.1.2　试验内容

① 酸性大气环境下各龄期（无锈蚀、锈蚀）结构动力特性，如自振频率、振型及阻尼比等。

② 酸性大气环境下各龄期（无锈蚀、锈蚀）结构在分别遭受 8 度多遇、8 度基本、8 度罕遇地震作用时，结构的应变、位移、加速度及破坏情况。

③ 观察地震作用下各龄期（无锈蚀、锈蚀）结构的破坏部位及先后顺序。

4.2.2　工程概述

某 5 层单跨单开间空间钢框架结构，总长度为 6m，总宽度为 4.5m，首层层高为 4.2m，其余各层层高均为 3.6m。钢材采用 Q235 钢，框架梁钢材型号采用 H 型钢 H450×220×8×10，1～2 层框架柱采用 H500×500×16×18，3～5 层框架柱采用 H400×400×14×16。抗震设防烈度为 8 度，第一组，场地土类别为Ⅱ类。楼面恒荷载为 5.0kPa、活荷载为 2.0kPa，屋面恒荷载为 7.0kPa、活荷载为 0.5kPa，外围墙上作用填充墙荷载 10kN/m。采用现浇钢筋混凝土楼板，厚度均为 120mm，混凝土强度等级为 C30，钢筋采用 HRB335。参考《建筑抗震试验方法规程》（JGJ 101—1996）、《钢结构设计标准》（GB 50017—2017）、《建筑抗震设计规范》（GB 50011—2010）对钢框架结构进行设计，原型钢框架结构立、平面图分别见图 4.1 和图 4.2。

4.2.3　钢结构模型设计

在钢结构模型中，选用钢材作为模型材料。为考虑材料变化不大而模

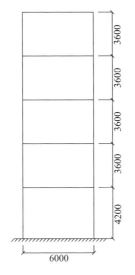

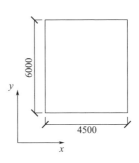

图 4.1　钢框架立面图（单位：mm）　　图 4.2　钢框架平面图（单位：mm）

型应力需相似的情况，考虑按钢结构构件刚度等效原则进行设计。

原型结构的抗弯刚度为 $E^p I^p$，按相似理论设计抗弯刚度为 $E_D^m I_D^m$，实际模型结构的抗弯刚度为 $E^m I^m$；原型结构的抗拉（压）刚度为 $E^p A^p$，按相似理论设计抗拉（压）刚度为 $E_D^m A_D^m$，实际模型结构的抗拉（压）刚度为 $E^m A^m$，按刚度等效及相似设计则有

$$\frac{E^m I^m}{E^p I^p} = \frac{E_D^m I_D^m}{E^p I^p} = S_E S_l^4 \tag{4.1}$$

$$\frac{E^m A^m}{E^p A^p} = \frac{E_D^m A_D^m}{E^p A^p} = S_E S_l^2 \tag{4.2}$$

模型材料选用钢材模拟原型钢结构，所以 $E^p = E^m$，上式简化为

$$\frac{I^m}{I^p} = S_E S_l^4 \tag{4.3}$$

$$\frac{A^m}{A^p} = S_E S_l^2 \tag{4.4}$$

型钢截面尺寸：截面宽度为 b，截面高度为 h，腹板高度为 h_w，腹板厚度为 t_w。则式（4.3）和式（4.4）可写作

$$\frac{b^m (h^m)^3 - (b^m - t_w^m)(h_w^m)^3}{b^p (h^p)^3 - (b^p - t_w^p)(h_w^p)^3} = S_E S_l^4 \tag{4.5}$$

$$\frac{b^{\mathrm{m}}h^{\mathrm{m}}-(b^{\mathrm{m}}-t_{\mathrm{w}}^{\mathrm{m}})h_{\mathrm{w}}^{\mathrm{m}}}{b^{\mathrm{p}}h^{\mathrm{p}}-(b^{\mathrm{p}}-t_{\mathrm{w}}^{\mathrm{p}})h_{\mathrm{w}}^{\mathrm{p}}}=S_{\mathrm{E}}S_{\mathrm{l}}^{2} \tag{4.6}$$

模型型钢杆件的其余参数如下。

面积

$$A^{\mathrm{m}}=S_{\mathrm{E}}S_{\mathrm{l}}^{2}A^{\mathrm{p}} \tag{4.7}$$

惯性矩

$$I^{\mathrm{m}}=S_{\mathrm{E}}S_{\mathrm{l}}^{4}I^{\mathrm{p}} \tag{4.8}$$

回转半径

$$i^{\mathrm{m}}=\sqrt{\frac{I^{\mathrm{m}}}{A^{\mathrm{m}}}}=S_{\mathrm{l}}i^{\mathrm{p}} \tag{4.9}$$

长细比

$$\lambda^{\mathrm{m}}=\frac{l^{\mathrm{m}}}{i^{\mathrm{m}}}=\frac{S_{\mathrm{l}}l^{\mathrm{p}}}{S_{\mathrm{l}}i^{\mathrm{p}}}=\lambda^{\mathrm{p}} \tag{4.10}$$

抵抗矩

$$W^{\mathrm{m}}=\frac{I^{\mathrm{m}}}{\left(\dfrac{h}{2}\right)^{\mathrm{m}}}=\frac{S_{\mathrm{E}}S_{\mathrm{l}}^{4}I^{\mathrm{p}}}{S_{\mathrm{l}}\left(\dfrac{h}{2}\right)^{\mathrm{p}}}=S_{\mathrm{E}}S_{\mathrm{l}}^{3}W^{\mathrm{p}} \tag{4.11}$$

从式(4.7)~式(4.11)中可以看出，与经典相似理论相比，考虑应力相似影响后的截面设计，将对模型结构的面积、惯性矩、抵抗矩参数产生影响，而不影响其回转半径和长细比。以压弯构件强度计算为例，对原型结构，则有

$$\frac{N^{\mathrm{p}}}{A^{\mathrm{p}}}\pm\frac{M_{\mathrm{x}}^{\mathrm{p}}}{\gamma_{\mathrm{x}}W_{\mathrm{x}}^{\mathrm{p}}}\pm\frac{M_{\mathrm{y}}^{\mathrm{p}}}{\gamma_{\mathrm{y}}W_{\mathrm{y}}^{\mathrm{p}}}\leqslant f \tag{4.12}$$

对模型结构，结合相似设计和上述公式有

$$\frac{N^{\mathrm{m}}}{A^{\mathrm{m}}}\pm\frac{M_{\mathrm{x}}^{\mathrm{m}}}{\gamma_{\mathrm{x}}W_{\mathrm{x}}^{\mathrm{m}}}\pm\frac{M_{\mathrm{y}}^{\mathrm{m}}}{\gamma_{\mathrm{y}}W_{\mathrm{y}}^{\mathrm{m}}}=\frac{S_{\mathrm{E}}S_{\mathrm{l}}^{2}N^{\mathrm{p}}}{S_{\mathrm{E}}S_{\mathrm{l}}^{2}A^{\mathrm{p}}}\pm\frac{S_{\mathrm{E}}S_{\mathrm{l}}^{3}M_{\mathrm{x}}^{\mathrm{p}}}{\gamma_{\mathrm{x}}S_{\mathrm{E}}S_{\mathrm{l}}^{3}W_{\mathrm{x}}^{\mathrm{p}}}\pm\frac{S_{\mathrm{E}}S_{\mathrm{l}}^{3}M_{\mathrm{y}}^{\mathrm{p}}}{\gamma_{\mathrm{y}}S_{\mathrm{E}}S_{\mathrm{l}}^{3}W_{\mathrm{y}}^{\mathrm{p}}}$$

$$=\frac{N^{\mathrm{p}}}{A^{\mathrm{p}}}\pm\frac{M_{\mathrm{x}}^{\mathrm{p}}}{\gamma_{\mathrm{x}}W_{\mathrm{x}}^{\mathrm{p}}}\pm\frac{M_{\mathrm{y}}^{\mathrm{p}}}{\gamma_{\mathrm{y}}W_{\mathrm{y}}^{\mathrm{p}}}\leqslant f \tag{4.13}$$

式中，S_{E} 为弹性模量相似常数；S_{l} 为长度相似常数；E^{p}、$E_{\mathrm{D}}^{\mathrm{m}}$、$E^{\mathrm{m}}$ 分别为原型结构、按相似理论设计的模型结构、实际模型结构的钢材弹性

模量；I^p、I_D^m、I^m 分别为原型结构、按相似理论设计的模型结构、实际模型结构的型钢截面惯性矩；A^p、A_D^m、A^m 分别为原型结构、按相似理论设计的模型结构、实际模型结构的型钢截面面积；b^p、h^p、t_w^p、h_w^p 分别为原型结构型钢截面宽度、高度、腹板厚度、腹板高度；b^m、h^m、t_w^m、h_w^m 分别为实际模型结构型钢截面宽度、高度、腹板厚度、腹板高度；i^p、i^m 分别为原型结构、实际模型结构型钢截面回转半径；λ^p、λ^m 分别为原型结构、实际模型结构构件长细比；W^p、W^m 分别为原型结构、实际模型结构型钢截面抵抗矩；N^p、M_x^p、M_y^p 分别为原型结构构件轴向压力、绕 x 轴的弯矩、绕 y 轴的弯矩；W_x^p、W_y^p 分别为原型结构型钢截面绕 x 轴抵抗矩、绕 y 轴抵抗矩；γ_x、γ_y 为型钢截面绕 x 轴的塑性发展系数、绕 y 轴的塑性发展系数；N^m、M_x^m、M_y^m 分别为实际模型结构构件轴向压力、绕 x 轴的弯矩、绕 y 轴的弯矩；W_x^m、W_y^m 分别为实际模型结构型钢截面绕 x 轴抵抗矩、绕 y 轴抵抗矩。

式(4.13)说明，按刚度等效原则考虑材料相同而应力相似的模型设计，可以实现对原型结构的强度验算。构件整体稳定性的验算同理可证。

4.2.4　模型概况

试验的目的是测试酸性大气环境下不同服役龄期的钢框架结构在不同地震强度下的抗震性能，需要考虑钢框架结构的非弹性性能，故采用强度模型。首先考虑振动台台面尺寸、最大承载力和允许高度的限制，确定模型的缩尺比例为1∶3，平面是矩形几何规则对称布置，纵向柱距为2m，横向柱距为1.5m，首层层高为1.4m，2～5层层高为1.2m，模型高度为6.2m。模型所采用的钢材与原型结构完全相同。

根据4.2.3小节中的钢结构模型设计原理确定模型结构梁柱截面尺寸，框架梁钢材型号均采用HN126×60×6×8，1～2层框架柱钢材型号采用HW150×150×7×10，3～5层框架柱钢材采用HW125×125×6.5×9。钢框架原型结构与模型结构梁、柱截面特性对比如表4.3所示。

分别设计2个锈蚀程度不同（无、重度）的空间钢框架模型结构，并对两者进行地震模拟振动台试验。

表 4.3　钢框架原型结构与模型结构梁、柱截面特性对比

构件编号	原型			实际模型			理论模型	
	型号	截面面积/cm²	截面惯性矩/cm⁴	型号	截面面积/cm²	截面惯性矩/cm⁴	截面面积/cm²	截面惯性矩/cm⁴
GZ1	H500×500×16×18	254.24	117914	HW150×150×7×10	40.55	1660	28.24	1455.7
GZ2	H400×400×14×16	179.52	53027.4	HW125×125×6.5×9	30.31	847	19.94	654.66
GL1	H450×220×10×12	78.4	26537.6	HN126×60×6×8	17.01	417	10.6	392.25

钢框架结构的腐蚀方案详见第 2 章，腐蚀过程如图 4.3 所示，未腐蚀结构与腐蚀结构对比如图 4.4 所示。

图 4.3　腐蚀过程

(a) 未腐蚀钢框架　　　　　　　　　　(b) 腐蚀钢框架

图 4.4　未腐蚀结构与腐蚀结构对比

4.2.5　模型设计与制作

4.2.5.1　模型的相似设计

利用 PKPM 软件对钢框架结构进行设计，并获得原型结构中所有框架梁和柱的总质量为 23.51t，各层楼面总质量（包括现浇钢筋混凝土楼板及楼面构造层的质量）为 72.9t，结构围墙总质量为 105t，原型结构 50% 的楼面活荷载总质量为 11.475t，综上原型结构各层的总质量为 212.885t。

缩尺模型的配重是通过在各楼层楼板上设置混凝土配重块来实现的。综合考虑振动台的台面尺寸、最大承载力等因素，缩尺模型采用欠质量（配重）模型。在 1～4 层设置现浇混凝土配重块（现场浇制），每层 1 块，配重块尺寸形状、配筋情况详见图 4.5 和图 4.6。经测试计算，钢筋混凝土配重块每块的质量为 1.661t（密度为 2795kg/m³），1～4 层总质量为 6.644t；结构顶层的混凝土配重块的平面形状和尺寸与 1～4 层的混凝土配重块相同，但高度只有 50mm，总质量为 0.415t。以上各层配重块总质量为 7.059t。

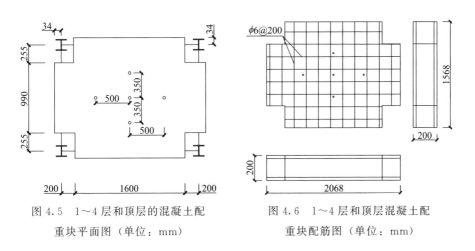

图 4.5　1～4 层和顶层的混凝土配
重块平面图（单位：mm）

图 4.6　1～4 层和顶层混凝土配
重块配筋图（单位：mm）

根据模型试验的相似理论，有 $S_m = S_E S_L^2$，其中 $S_L = 1/3$，$S_E = 1$，则 $S_m = 1/9$。原型结构的总质量为 212.885t，换算到模型上质量应为 23.65t，但由于振动台条件的限制，模型上实际总质量为 8.3589t（各层质量分布见表 4.4），故模型与原型的正应力相似比 $S_\sigma = 0.353$。为了消除模型质量达不到设计要求所引起的与原型在受力性能方面的差异，依据相似理论，采用了改变输入的加速度波峰值及时间缩尺比等措施。试验模型与满配重模型和原型的主要相似关系如表 4.5 所列。

表 4.4　试验模型各层质量分布

楼层	层高/m	自重/t	配重/t	实际质量/t
1	1.4	0.3065	1.661	1.9675
2	1.2	0.2760	1.661	1.9370
3	1.2	0.2580	1.661	1.9190
4	1.2	0.2580	1.661	1.9190
5	1.2	0.2014	0.415	0.6164
合计	6.2	1.2999	7.059	8.3589

表 4.5　试验模型与满配重模型和原型的主要相似关系

物理量	关系式	与满配重模型相似比	与原型相似比
弹性模量 E	S_E	1	1
竖向压应力 σ	S_σ	0.353	0.353
竖向压应变 ε	$S_\varepsilon = S_\sigma/S_E$	0.353	0.353
几何尺寸 L	$S_L = L_m/L_p$	1	0.333
质量 m	$S_m = S_\sigma S_L^2$	0.353	0.039
刚度 K	$S_K = S_E S_L$	1	0.333
输入加速度 a	$S_a = S_E/S_\sigma$	2.83	2.83
频率 f	$S_f = [S_E/(S_\sigma S_L)]^{1/2}$	1.68	2.91
时间 t	$S_t = (S_\sigma S_L/S_E)^{1/2}$	0.595	0.343
积分步长 Δt	$S_{\Delta t} = (S_\sigma S_L/S_E)^{1/2}$	0.594	0.343
反应加速度 a'	$S_{a'} = S_E/S_\sigma$	2.83	2.83
位移 X	$S_X = S_L$	1	0.333
位移角 θ	$S_\theta = S_X/S_L$	1	1
地震作用 F	$S_F = S_E S_L^2$	1	0.111
剪力 V	$S_V = S_E S_L^2$	1	0.111
剪应力 τ	$S_\tau = S_E$	1	1
阻尼比 ζ	$S_\zeta = 1/2$	0.5	0.5

4.2.5.2　模型主体做法

结构平、立面及节点施工图分别见图 4.7～图 4.9。

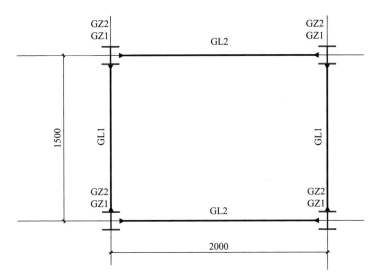

图 4.7　模型平面布置图（单位：mm）

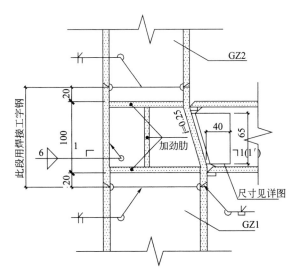

图 4.8　模型变截面处边柱连接构造（单位：mm）

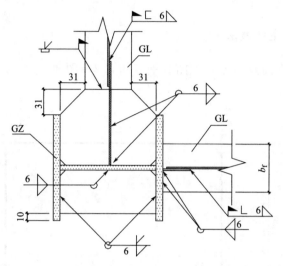

图 4.9　1—1 模型截面详图、梁柱连接构造（单位：mm）

b_f—梁翼缘宽度

4.2.5.3　模型底盘做法

综合考虑各方面的因素，模型试验选择截面为 640mm × 640mm × 20mm 的钢板作为框架结构的刚性底座，一共 4 个钢板，总重为 0.2573t。柱脚加劲肋的截面为 250mm × 200mm × 20mm，总重为 0.1248t。模型柱脚平面布置及柱脚细部构造分别见图 4.10 和图 4.11，底板及柱脚板肋的特性见表 4.6。

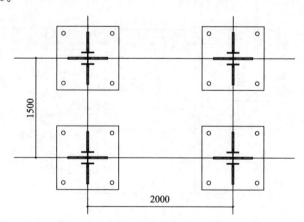

图 4.10　模型柱脚平面布置图（单位：mm）

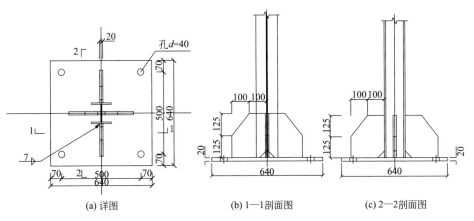

| (a) 详图 | (b) 1—1剖面图 | (c) 2—2剖面图 |

图 4.11　模型柱脚详图（单位：mm）

表 4.6　底板及柱脚板肋的特性

板材	截面尺寸/mm	数量/个	材质
底板	640×640×20	4	Q235
柱脚板肋	250×200×20	16	Q235

4.2.5.4　模型楼板做法

为了简化模型结构的设计，并满足楼板平面内刚度无穷大的假设，在每一层楼面位置用 10 号等边角钢做成支撑，楼面槽钢支撑的质量约为 0.265t。模型楼板平面及槽钢截面如图 4.12 所示，楼面槽钢支撑的特性见表 4.7。

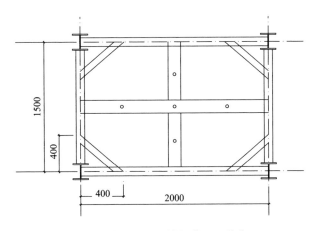

图 4.12　模型楼板平面及槽钢截面（单位：mm）

表 4.7　楼面槽钢支撑的特性

支撑形式	型号	数量/个	材质
斜向支撑	10 号等边角钢	20	Q235
纵向支撑	10 号等边角钢	5	Q235
横向支撑	10 号等边角钢	10	Q235

4.2.6　试验设备与仪器

4.2.6.1　模拟地震振动台

振动台引基本性能指标如下。

自由度：三维六自由度地震模拟振动台系统。

台面尺寸：4.1m×4.1m。

最大负荷：满负荷下最大试件质量为 20t，减负荷下为 30t，试件最大偏心距≥6m。

最大位移：水平（X）方向±15cm；水平（Y）方向±25cm；竖向±10cm。

最大速度：水平（X）方向±100cm/s；水平（Y）方向±125cm/s；竖向±80cm/s。

载荷 20t 时最大加速度：水平（X）方向±1.5g；水平（Y）方向±1.0g；竖向（Z）方向±1.0g。

载荷 30t 时最大加速度：水平（X）方向±1.0g；水平（Y）方向±1.0g；竖向（Z）方向±0.9g。

最大倾覆弯矩为 80t·m，最大偏心距 30t·m。

频率：0.1～50Hz。

厂家：美国 MTS 系统公司。

4.2.6.2　测试设备及仪器

试验采用的测试设备和仪器为 MTS STEX3 数据采集处理系统；CA-YD 压电式加速度传感器，频响范围为 0.3～200Hz；ASM 拉线式位移传感器，量程为 0～±375mm；电阻式应变片，量程为 0～20000$\mu\varepsilon$。试验加载装置如图 4.13 所示。

(a) 未锈蚀结构   (b) 锈蚀结构

图 4.13 试验加载装置

4.2.7 测点布置及测试内容

为了测试试验模型的动力特性、楼层的加速度与位移、结构内力，共布置应变片 26 个，加速度计 20 个和位移计 12 个。

4.2.7.1 应变片的布置

应变片应贴在结构应力最大的地方，模型柱脚两侧，一、二层节点处梁上下沿和柱两端为理论分析应力较大值所在位置，因此在这些部位贴应变片。应变片在结构中的详细布置见图 4.14 和表 4.8。

4.2.7.2 加速度计布置

为了获得结构每层 X、Y 向的加速度，在各楼层梁柱节点处布置 X 向和 Y 向加速度计。在台面中心位置处分别布置 3 个加速度计，分别用于测量输入台面 X、Y、Z 三个方向的加速度大小。在各楼层中心位置处分别布置一个加速度计，用于测量各楼层 Z 向加速度响应。加速度计在结构中的详细布置见图 4.15 和表 4.9。

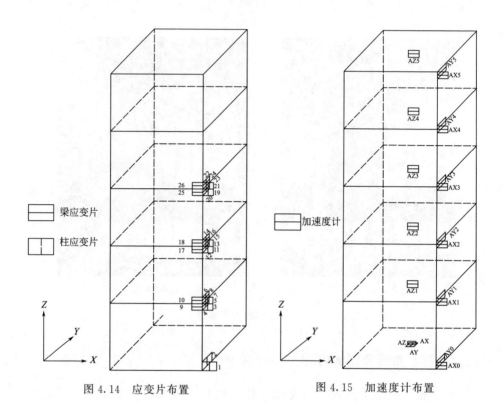

图 4.14　应变片布置　　　　　图 4.15　加速度计布置

表 4.8　模拟地震振动台试验应变片布置

编号	布置楼层	位置
1	1	柱脚翼缘(外侧)
2	1	柱脚翼缘(内侧)
3	1	柱顶翼缘(外侧)
4	1	柱顶翼缘(内侧)
5	2	柱底翼缘(外侧)
6	2	柱底翼缘(内侧)
7	1	Y 向梁下翼缘
8	1	Y 向梁上翼缘
9	1	X 向梁下翼缘
10	1	X 向梁上翼缘
11	2	柱顶翼缘(外侧)
12	2	柱顶翼缘(内侧)

续表

编号	布置楼层	位置
13	3	柱底翼缘（外侧）
14	3	柱底翼缘（内侧）
15	2	Y 向梁下翼缘
16	2	Y 向梁上翼缘
17	2	X 向梁下翼缘
18	2	X 向梁上翼缘
19	3	柱顶翼缘（外侧）
20	3	柱顶翼缘（内侧）
21	4	柱底翼缘（外侧）
22	4	柱底翼缘（内侧）
23	3	Y 向梁下翼缘
24	3	Y 向梁上翼缘
25	3	X 向梁下翼缘
26	3	X 向梁上翼缘

表 4.9　模拟地震振动台试验加速度计布置

编号	布置楼层	位置
AX	1	振动台台面 X 方向
AY	1	振动台台面 Y 方向
AZ	1	振动台台面 Z 方向
AX0	1	柱脚 X 方向
AY0	1	柱脚 Y 方向
AX1	1	梁柱节点处 X 方向
AY1	1	梁柱节点处 Y 方向
AZ1	1	楼板中心 Z 方向
AX2	2	梁柱节点处 X 方向
AY2	2	梁柱节点处 Y 方向
AZ2	2	楼板中心 Z 方向
AX3	3	梁柱节点处 X 方向
AY3	3	梁柱节点处 Y 方向
AZ3	3	楼板中心 Z 方向

续表

编号	布置楼层	位置
AX4	4	梁柱节点处 X 方向
AY4	4	梁柱节点处 Y 方向
AZ4	4	楼板中心 Z 方向
AX5	5	梁柱节点处 X 方向
AY5	5	梁柱节点处 Y 方向
AZ5	5	楼板中心 Z 方向

4.2.7.3 位移计的设置

为了获得 X、Y 方向的楼层位移，在每个楼层的柱顶安装位移计，详见图 4.16 和表 4.10。Z 轴位移将通过加速度积分获得。

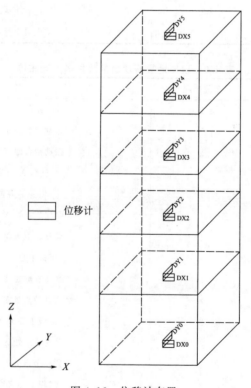

图 4.16 位移计布置

表 4.10　模拟地震振动台试验位移计布置

编号	布置楼层	位置
DX0	1	振动台台面 X 方向
DY0	1	振动台台面 Y 方向
DX1	1	楼板中心 X 方向
DY1	1	楼板中心 Y 方向
DX2	2	楼板中心 X 方向
DY2	2	楼板中心 Y 方向
DX3	3	楼板中心 X 方向
DY3	3	楼板中心 Y 方向
DX4	4	楼板中心 X 方向
DY4	4	楼板中心 Y 方向
DX5	5	楼板中心 X 方向
DY5	5	楼板中心 Y 方向

4.2.8　试验加载方案

4.2.8.1　地震波的合理选取

（1）地震波的选用原则

地震波的选用原则如下。

① 选用的地震波的频谱特性应尽量接近建筑场地的地震时的特征周期，这是最重要的原则。

② 要有统计意义并与《建筑抗震设计规范》（GB 50011—2011）相协调。

③ 综合考虑地震动幅值、频谱和持时三个方面的特性，使拟用的地震波符合建筑场地未来地震动幅值、频谱和持时参数。

为了确保振动台试验数据的可靠性，按照我国《建筑抗震设计规范》（GB 50011—2010）规定在时程分析时采用的地震波有：

① 相同场地类型的实际地震记录；

② 具有代表性的强震记录；

③ 人工模拟地震波。

（2）地震动参数

振动台试验结果及时程分析表明，输入地震波的不同，所得出的地震反应相差甚远，有时得到的弹塑性位移和内力相差几倍，甚至几十倍之多，因此，由于地震随机性和不同地震波会导致计算结果的巨大差异。国内外研究表明，虽然对建筑物场地的地震难以准确定量确定，但只要正确选择地震动参数，并使所选用的地震波基本符合这些参数，则振动台试验及时程分析的结果可以较真实地体现在地震作用下可能的结构反应，满足工程需要的精确度。

① 地震动强度。地震动强度包括加速度峰值、速度峰值及位移峰值，对一般结构常用的是直接输入地震反应的加速度曲线。加速度峰值反映了地面记录中最强烈的部分，它是地震动强度的主要要素之一。在抗震分析中以地震动过程中加速度最大值（峰值）的大小作为强度标准。现有的实际强震记录，其峰值加速度多半与要设计结构物所在场地的基本烈度不相对应，因而不能直接使用，需要按照结构物的设防烈度对波的强度进行调整。对选用的地震记录加速度峰值按适当的比例放大或缩小，使峰值加速度相当于设防烈度的多遇地震与罕遇地震时的加速度峰值。相应的建筑物抗震设防三个水准（小震、中震、大震）的峰值加速度基准值见表 4.11。

表 4.11 峰值加速度基准值

设防等级	多遇地震	设防烈度地震	罕遇地震
8 度	$0.07g$	$0.2g$	$0.4g$

相应的地震波调幅公式为

$$A'(t) = \frac{A'_{max}}{A_{max}} A(t) \qquad (4.14)$$

式中，$A'(t)$ 和 A'_{max} 分别为地震波时程曲线与峰值，A'_{max} 取设防烈度要求的多遇、基本或罕遇地震的地面运动峰值；$A(t)$ 和 A_{max} 分别为原地震波时程曲线与峰值。

② 地震动谱特征。地震动谱特征包括谱形状、峰值、卓越周期等因素。在强震发生时，一般场地地面运动的卓越周期将与场地土的自振周期接近。因而在选用地震波时，应使所选的实际地震波的功率谱的卓越周期乃至谱形状，尽量与场地土的谱特征一致。

选择的实际波与要求的相差较大时，须进行调整。如调整实际记录的步长，即调整卓越周期，或使用数学滤波方法滤去某些频率成分等。但由于这些调整方法改变了实际地震记录的频率结构，从物理意义上不合理，所以很少采用。

③ 地震动的持续时间。地震动加速度时程曲线不是一个确定的函数，而是一系列随时间变化的随机脉冲，振型和频率变化频繁而且不一定规律。因此，不能根据加速度波形用解析方法直接求解结构振动方程，必须将地震波按照时段（时间步长）进行数值化，然后按一个个时段对结构基本振动方程进行直接积分，从而计算出各时段分点的质点系位移、速度和加速度。一般常取时段 $0.01 \sim 0.02s$，即地震记录的每秒振动方程 $50 \sim 100$ 次，可见计算工作量是很大的。所以，持续时间不能取得过长。但取短了，计算误差又会太大。目前，一般是从一条地震波中截取 $8 \sim 10s$ 最具有代表性的一段，作为输入地震波。

对于一般工程，应采用结构主要周期点拟合反应谱的方法。即首先初步选择适应于地震烈度、场地类型、地震分组的数条地震波；分别计算反应谱并与设计反应谱绘制在同一张图中；计算结构振型参与质量达 50% 对应各周期点处的地震波反应谱值；检查各周期点处的包络值与设计反应谱相差不超过 20%；如不满足，则重新选择地震波。

（3）地震波选择步骤

按照上述选波原则，地震波选择步骤如下。

① 选用两条实际强震记录——Taft 波（时间为 54.26s）、EL Centro 波（时间为 53.44s）和一条人工合成地震波［兰州波（16.6s）］作为振动台台面激励。按式(4.14)对上述所有地震波按照峰值加速度为 $1g$ 进行调幅，得到各地震波形详见图 4.17。

② 将三条波的峰值统一调整为 $0.7g$，然后分别对三条波做阻尼为 5% 的反应谱分析，将三条波的反应谱与《建筑抗震设计规范》（GB 50011—2010）设计反应谱绘制在同一个图中进行对比（图 4.18）。

从图 4.18 中三条波的反应谱包络来看，三条波的反应谱能在结构相应周期内与设计反应谱拟合较好，基本上能用该三条波的反应均值对结构的抗震性能进行评价。

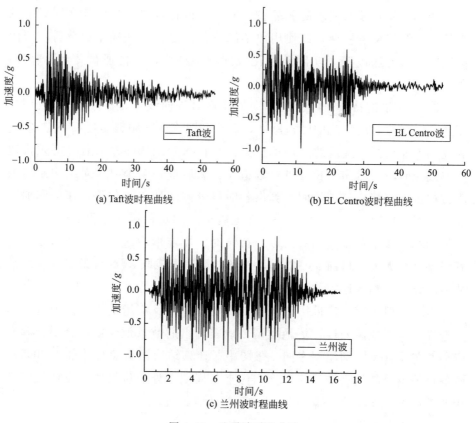

图 4.17　地震波时程曲线

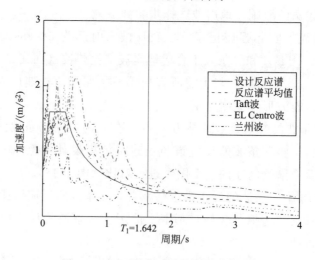

图 4.18　地震波反应谱与设计反应谱

4.2.8.2　试验加载工况

　　试验加载工况按照 8 度多遇、8 度基本和 8 度罕遇的顺序分三个阶段对模型结构进行模拟地震试验。在不同水准地震波输入前后，对模型进行白噪声扫频，测量结构的自振频率、振型和阻尼比等动力特征参数。在进行每个试验阶段的振动台试验时，由台面依次输入 Taft 波、EL Centro 波和兰州波。地震波持续时间按相似关系压缩为原地震波的 0.34 倍，输入方向为双向或三向水平输入，X 向、Y 向、Z 向加速度比值为 1：0.85：0.65。各水准地震作用下，台面输入加速度峰值均按有关规范的规定及模型试验的相似关系要求进行调整，以模拟不同水准地震作用。

　　试验加载工况和地震加速度峰值如表 4.12 所示。

表 4.12　试验加载工况和地震加速度峰值

试验工况序列	烈度	地震激励	主震方向	地震输入值(g)						备注
				模型 X 向		模型 Y 向		模型 Z 向		
				设定值	实际值	设定值	实际值	设定值	实际值	
1		第一次白噪声		0.05		0.05		0.05		三向白噪声
2		Taft 波	X 向	0.198	0.221/0.215	0.168	0.184/0.179	0.129	0.145/0.133	三向地震
3	8 度多遇	EL Centro 波	X 向	0.198	0.206/0.202	0.168	0.197/0.171	0.129	0.132/0.148	三向地震
4		兰州波	X 向	0.198	0.226/0.220	0.168	0.201/0.187	0.129	0.151/0.137	三向地震
5		第二次白噪声		0.05		0.05		0.05		三向白噪声
6		Taft 波	X 向	0.566	0.588/0.569	0.481	0.521/0.488	0.368	0.437/0.388	三向地震
7	8 度基本	EL Centro 波	X 向	0.566	0.572/0.581	0.481	0.530/0.491	0.368	0.411/0.391	三向地震
8		兰州波	X 向	0.566	0.594/0.577	0.481	0.531/0.479	0.368	0.398/0.351	三向地震
9		第三次白噪声		0.05		0.05		0.05		三向白噪声

续表

试验工况序列	烈度	地震激励	主震方向	地震输入值(g)						备注
				模型 X 向		模型 Y 向		模型 Z 向		
				设定值	实际值	设定值	实际值	设定值	实际值	
10	8度罕遇	Taft 波	X 向	1.132	1.277/1.189	0.962	1.120/0.995			双向地震
11		EL Centro 波	X 向	1.132	1.096/1.138	0.962	1.011/1.031			双向地震
12		兰州波	X 向	1.132	1.035/1.141	0.962	0.947/0.959			双向地震
13	第四次白噪声			0.05		0.05		0.05		三向白噪声

注：输入地震波峰值的实际值有两项，斜线前面一项为未锈蚀结构输入地震波峰值实际值，斜线后面一项为锈蚀结构输入地震波峰值实际值。

4.2.9　模型结构试验结果分析

4.2.9.1　模型结构动力特性

不同水准地震作用前后，均用白噪声对结构模型进行扫频试验。通过对各加速度测点的频谱特性、传递函数以及时程反应的分析，得到模型结构在不同水准地震前后的自振频率、阻尼比和振型形态，见表4.13。要直接测定模型结构的各阶振型相对比较困难，由试验结果推算出结构 X、Y 向振型见图4.19。

表 4.13　未锈蚀、锈蚀模型结构自振频率、阻尼比

工况	未锈蚀结构		锈蚀结构	
	频率/Hz	阻尼比	频率/Hz	阻尼比
第一次白噪声	1.8013	0.0116	1.667	0.0218
第二次白噪声	1.8013	0.0136	1.667	0.0231
第三次白噪声	1.6412	0.0245	1.499	0.0377
第四次白噪声	1.4661	0.0417	1.323	0.0498

从这些结果可以得出以下结论。

① 模型结构的前三阶振型的振动形态为平动和整体扭转。

② 随地震强度的增大，模型结构自振频率逐渐减小，阻尼比的总体变

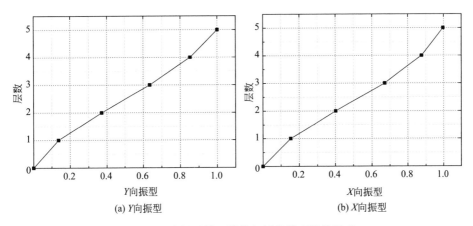

(a) Y向振型　　　　　　　　　(b) X向振型

图 4.19　未锈蚀模型结构与锈蚀模型结构振型

化却是增大的趋势；8 度小震后的结构自振频率与震前基本相同，说明结构在小震下基本保持弹性状态；8 度中震后，结构的频率略有下降，说明结构中部分构件进入塑性阶段。但从频率下降的幅度来看，直到 8 度大震后，结构才进入塑性发展阶段。

③ 对比未锈蚀模型与锈蚀模型第一次白噪声扫描的结果，可以明显看出，锈蚀模型结构的自振频率小于未锈蚀模型结构的自振频率。以上现象说明：锈蚀损伤使钢框架结构的自振频率降低。

4.2.9.2　模型结构加速度反应

通过 MTS 数据采集系统可以获得在各水准地震作用下结构的压电式加速度传感器的反应信号，通过系统标定，对反应信号进行分析处理，得到模型结构的加速度反应。楼层加速度反应最大值与模型底部输入加速度最大值之比即为该层的加速度放大系数 K，是描述结构地震反应的重要指标。图 4.20～图 4.25 给出了在各级地震烈度下模型结构的加速度放大系数包络图。

由图 4.20～图 4.25 可以得出以下结论。

① 总体而言，结构 X 向加速度反应大于 Y 向。这是因为结构 X 向抗侧移刚度大于 Y 向。

② 随着输入加速度峰值的提高，钢材非线性逐渐开展并产生损伤，造成结构整体的刚度退化以及阻尼比的增大，加速度放大系数有所降低。

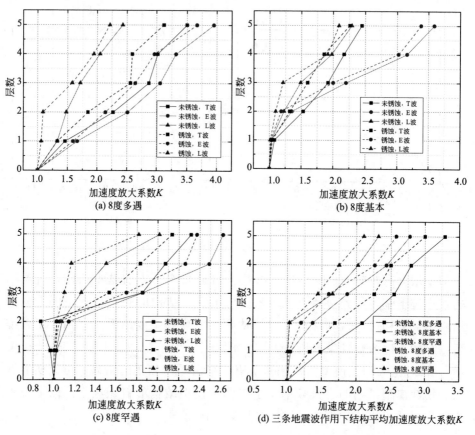

图 4.20　不同水准地震作用下未锈蚀与严重锈蚀钢框架结构
X 向楼层最大加速度放大系数对比

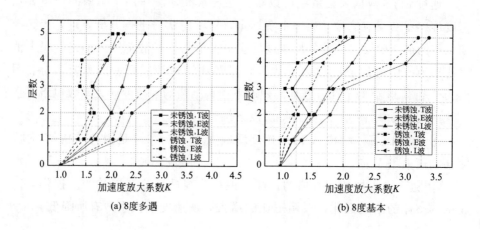

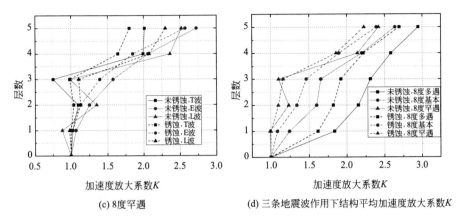

(c) 8度罕遇　　　　　　　　　(d) 三条地震波作用下结构平均加速度放大系数K

图 4.21　不同水准地震作用下未锈蚀与严重锈蚀钢框架结构 Y 向楼层
最大加速度放大系数对比

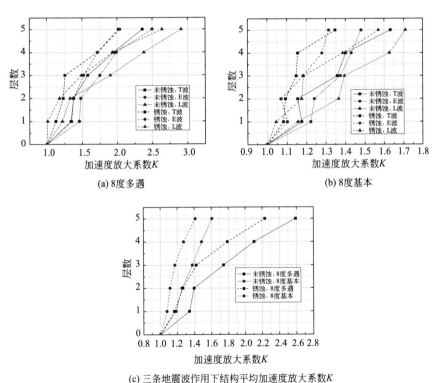

(a) 8度多遇　　　　　　　　　(b) 8度基本

(c) 三条地震波作用下结构平均加速度放大系数K

图 4.22　不同水准地震作用下未锈蚀与严重锈蚀钢框架结构
Z 向楼层最大加速度放大系数对比

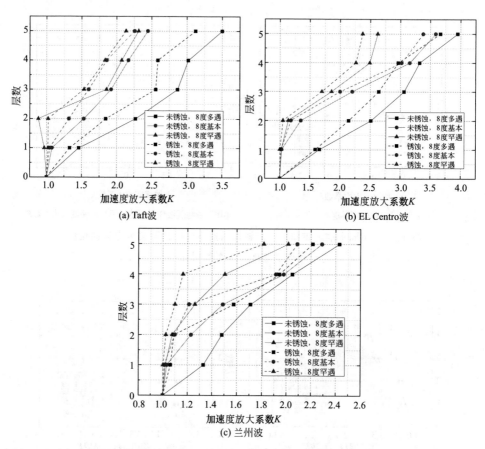

图 4.23　同一地震波不同水准地震作用下未锈蚀钢框架结构 X 向楼层最大加速度放大系数对比

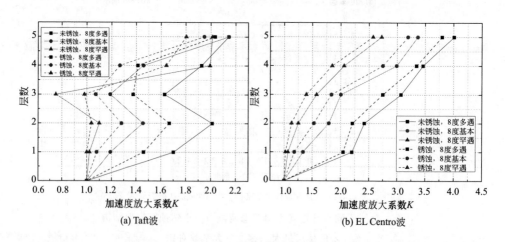

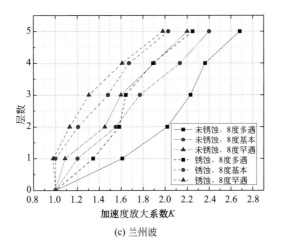

(c) 兰州波

图 4.24 同一地震波不同水准地震作用下未锈蚀钢框架结构 Y 向楼层最大加速度放大系数对比

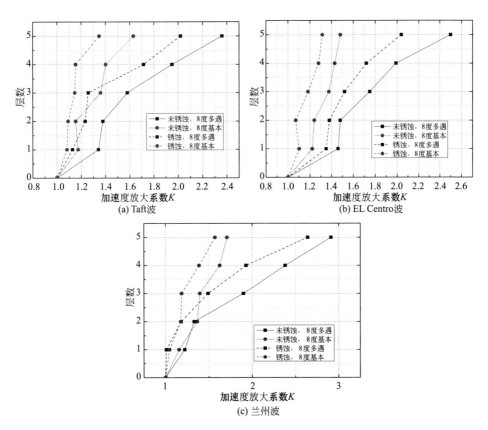

(a) Taft波

(b) EL Centro波

(c) 兰州波

图 4.25 同一地震波不同水准地震作用下未锈蚀钢框架结构 Z 向楼层最大加速度放大系数对比

③ 锈蚀结构的加速度放大系数比未锈蚀结构减小 6%~28%。产生这种现象的原因是，在对结构进行地震波加载前，相比于未锈蚀结构，锈蚀结构已经具有锈蚀损伤，这种损伤也会造成一定的刚度退化。

④ 对于同一结构的同一方向，输入三条地震波引起的上部结构加速度放大系数有所不同。对未锈蚀结构，在 8 度基本烈度时，EL Centro 波引起结构 X、Y 向加速度放大系数最大分别达到 3.60、3.37，而在兰州波激励下，上部结构的加速度放大系数才分别为 2.26、2.37。对锈蚀结构，在 8 度基本烈度时，EL Centro 波引起结构 X、Y 向加速度放大系数最大分别达到 3.32、3.2，而在兰州波激励下，上部结构的加速度放大系数才分别为 2.06、2.01。这是因为 EL Centro 波频谱相对于兰州波，与结构动力特性较为接近，激励作用较大。

4.2.9.3 模型结构位移反应

模型位移反应值从两方面获得：一方面由 ASM 位移传感器获得；另一方面由加速度值积分获得。本书从不同水准地震作用下各工况的模型结构各层相对于底座的位移最大值及各层最大层间位移角两个方面描述模型结构位移反应。不同水准地震作用下模型结构各层相对于底座的位移包络图见图 4.26 和图 4.27。

从图 4.26 和图 4.27 可以得出以下结论。

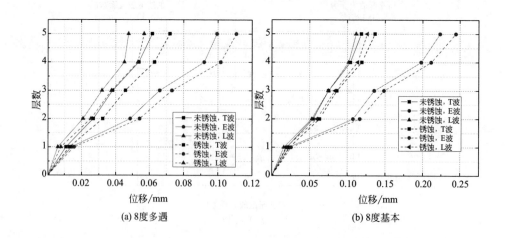

(a) 8度多遇　　　　　　　　(b) 8度基本

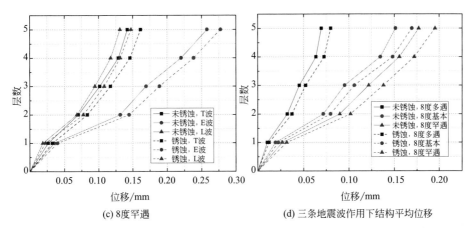

(c) 8度罕遇　　　　　　　　(d) 三条地震波作用下结构平均位移

图 4.26　不同水准地震作用下未锈蚀与严重锈蚀钢框架结构 X 向楼层最大位移对比

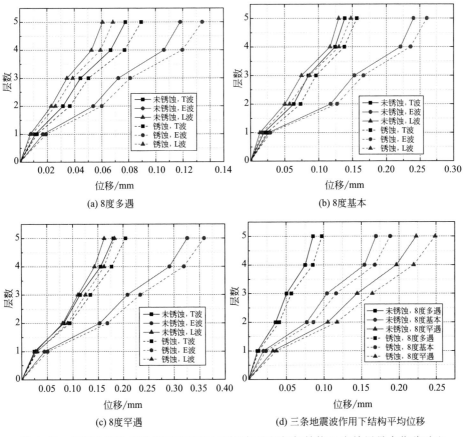

图 4.27　不同水准地震作用下未锈蚀与严重锈蚀钢框架结构 Y 向楼层最大位移对比

① 同一烈度下输入 Taft 波、EL Centro 波、兰州波，结构 X 向的位移反应小于 Y 向。产生这种现象说明，三向地震波在输入时，虽然 X 向的加速度大于 Y 向加速度，但 Y 向的刚度明显小于 X 向，刚度差异造成的结构位移反应差异明显大于加速度差异造成的结构位移反应差异。

② 同一烈度、同一水准的不同地震波输入时，多以 EL Centro 波输入时模型结构的位移反应最大。这说明结构的最大位移不仅取决于输入烈度的大小，还取决于地震波的频谱特性及与结构自振特性的关系。

③ 无论是 X 向还是 Y 向，锈蚀后钢框架结构的位移比未锈蚀结构增大 10%～15%，这表明锈蚀会造成结构抗震性能的退化。但在不同地震波作用下，相比于同一烈度下未锈蚀结构，锈蚀结构位移增大的幅度不一样，同样，在不同烈度的相同地震波作用下，锈蚀结构相对于未锈蚀结构的位移增量也不一样。这说明结构锈蚀损伤对结构抗震性能的影响与烈度、地震波频谱特性及与结构自振特性的关系有关。

不同水准地震作用下模型结构层间位移角包络图见图 4.28 和图 4.29。

从图 4.28 和图 4.29 中可以看出：未锈蚀与锈蚀钢框架结构在 X 向和 Y 向的薄弱层位置均位于结构的第 2 层，原因是结构在 1～2 层所采用的柱截面尺寸要大于 3～5 层柱截面，即在 2 层柱顶处柱子刚度发生了突变；对于锈蚀结构，在 8 度罕遇烈度时，三条地震波引起结构 X、Y 向最大层间位移角平均值分别达到 0.0584＝1/17.123、0.0670＝1/14.925；对于未锈

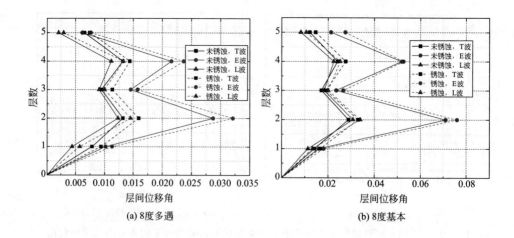

(a) 8度多遇　　　　　　　　(b) 8度基本

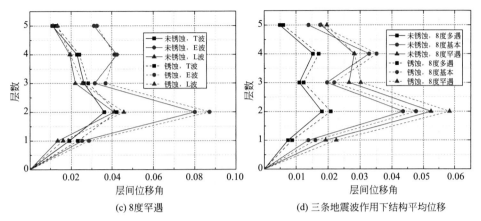

(c) 8度罕遇 　　　　　　(d) 三条地震波作用下结构平均位移

图 4.28　不同水准地震作用下未锈蚀与严重锈蚀钢框架结构

X 向楼层最大层间位移角对比

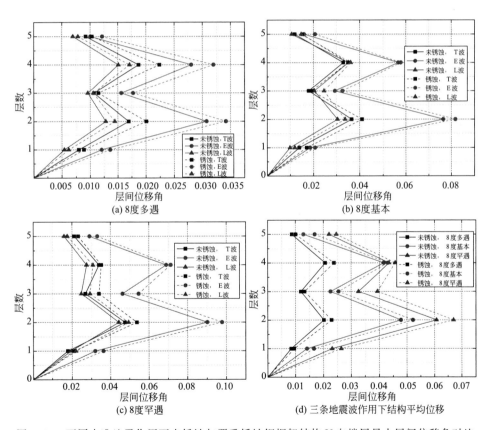

图 4.29　不同水准地震作用下未锈蚀与严重锈蚀钢框架结构 Y 向楼层最大层间位移角对比

蚀结构，在 8 度罕遇烈度时，三条地震波引起结构 X、Y 向最大层间位移角平均值分别达到 $0.0524 = 1/19.084$、$0.0607 = 1/16.474$。

4.2.9.4　模型结构的应变反应

不同水准地震作用下，各测点微应变幅值最大值见图 4.30～图 4.32。

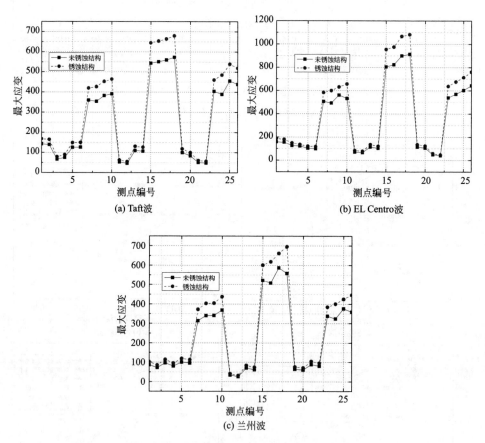

(a) Taft波

(b) EL Centro波

(c) 兰州波

图 4.30　8 度多遇烈度下各测点最大应变值

由图 4.30～图 4.32 可以得出以下结论。

① 锈蚀结构各处的应变均大于未锈蚀结构。这是由于锈蚀钢材弹性模量退化，导致相同应力作用下锈蚀钢构件截面应变增大。

② 梁应变明显大于柱应变，体现出结构具有良好的强柱弱梁特性。

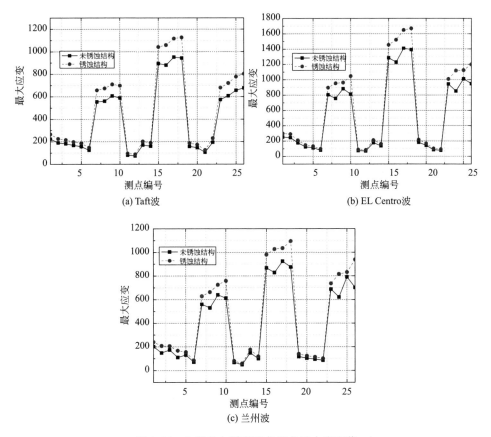

图 4.31　8 度基本烈度下各测点最大应变值

③ 15～18 四个测点处的应变最大，此四个测点对应结构位置为第二层 Y 向梁下翼缘、Y 向梁上翼缘、X 向梁下翼缘、X 向梁上翼缘。上述现象说明结构在第二层 X 向的梁上或下翼缘首先出现屈服、破坏，其次是第二层 Y 向梁上或下翼缘。

4.2.10　原型结构抗震性能分析

4.2.10.1　原型结构动力特性

根据相似关系可推算出未锈蚀原型结构、锈蚀原型结构在不同水准地震作用下的自振频率和振动形态，如表 4.14 所示。

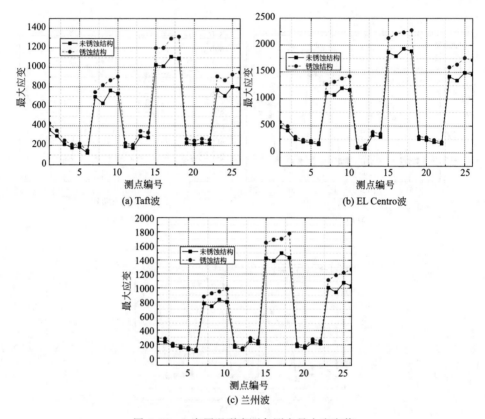

(a) Taft波

(b) EL Centro波

(c) 兰州波

图 4.32　8 度罕遇烈度下各测点最大应变值

表 4.14　未锈蚀、锈蚀原型结构自振频率、阻尼比

工况	未锈蚀结构		锈蚀结构	
	频率/Hz	阻尼比	频率/Hz	阻尼比
第一次白噪声	0.619	0.0232	0.573	0.0436
第二次白噪声	0.619	0.0272	0.573	0.0462
第三次白噪声	0.564	0.0490	0.515	0.0754
第四次白噪声	0.504	0.0834	0.545	0.0996

4.2.10.2　原型结构加速度反应

由模型试验结果推算原型结构最大加速度反应的公式如下。

$$a_i = K_i a_g \qquad (4.15)$$

式中，a_i 为原型结构第 i 层最大加速度反应（g）；K_i 为与原型结构相对应的烈度水准下模型第 i 层的最大动力放大系数；a_g 为与相应烈度水准相对应的地面最大加速度。

在不同水准地震作用下，原型结构各层在 X、Y、Z 方向的最大加速度反应如表 4.15～表 4.20 所示。

表 4.15　8 度多遇地震作用下未锈蚀原型结构最大加速度反应

单位：m/s^2

位置	加速度	Taft 波			EL Centro 波			兰州波		
		X	Y	Z	X	Y	Z	X	Y	Z
1 层底板	a_0	0.7	0.595	0.455	0.7	0.595	0.455	0.7	0.595	0.455
1 层	a_1	1.022	1.012	0.610	1.162	1.309	0.664	0.931	0.958	0.555
2 层	a_2	1.589	1.197	0.627	1.757	1.440	0.673	1.036	1.202	0.605
3 层	a_3	2.009	0.969	0.719	2.142	1.827	0.796	1.197	1.327	0.864
4 层	a_4	2.114	1.146	0.887	2.324	2.059	0.905	1.435	1.406	1.083
5 层	a_5	2.45	1.275	1.074	2.765	2.386	1.137	1.701	1.595	1.324

表 4.16　8 度多遇地震作用下锈蚀原型结构最大加速度反应

单位：m/s^2

位置	加速度	Taft 波			EL Centro 波			兰州波		
		X	Y	Z	X	Y	Z	X	Y	Z
1 层底板	a_0	0.7	0.595	0.455	0.7	0.595	0.455	0.7	0.595	0.455
1 层	a_1	0.931	0.869	0.513	1.114	1.217	0.614	0.744	0.799	0.459
2 层	a_2	1.290	0.992	0.561	1.499	1.314	0.628	0.764	0.942	0.537
3 层	a_3	1.791	0.818	0.572	1.848	1.634	0.691	1.103	0.977	0.678
4 层	a_4	1.812	0.841	0.781	2.075	1.989	0.782	1.360	1.124	0.878
5 层	a_5	2.185	1.210	0.918	2.566	2.260	0.928	1.549	1.339	1.201

表 4.17　8 度基本地震作用下未锈蚀原型结构最大加速度反应

单位：m/s^2

位置	加速度	Taft 波			EL Centro 波			兰州波		
		X	Y	Z	X	Y	Z	X	Y	Z
1 层底板	a_0	2	1.7	1.3	2	1.7	1.3	2	1.7	1.3
1 层	a_1	2.16	2.023	1.528	2.06	2.273	1.588	2.066	2.042	1.502
2 层	a_2	3.06	2.473	1.501	2.7	3.047	1.612	2.456	2.637	1.775
3 层	a_3	3.84	2.020	1.766	4.4	3.406	1.787	2.976	3.012	1.813
4 层	a_4	4.34	2.479	1.821	6.308	5.082	1.859	3.957	3.631	2.114
5 层	a_5	4.89	3.646	2.122	7.178	5.724	1.925	4.578	4.080	2.223

表 4.18 8 度基本地震作用下锈蚀原型结构最大加速度反应

单位：m/s^2

位置	加速度	Taft 波			EL Centro 波			兰州波		
		X	Y	Z	X	Y	Z	X	Y	Z
1 层底板	a_0	2	1.7	1.3	2	1.7	1.3	2	1.7	1.3
1 层	a_1	2.092	1.833	1.406	2.040	2.007	1.432	2.028	1.702	1.359
2 层	a_2	2.638	2.177	1.420	2.370	2.600	1.391	2.196	2.051	1.528
3 层	a_3	3.196	1.818	1.492	4.000	3.122	1.537	2.425	2.515	1.540
4 层	a_4	3.716	2.155	1.501	6.040	4.669	1.664	3.829	2.843	1.802
5 层	a_5	4.516	3.310	1.752	6.758	5.428	1.709	4.178	3.451	2.041

表 4.19 8 度罕遇地震作用下未锈蚀原型结构最大加速度反应

单位：m/s^2

位置	加速度	Taft 波		EL Centro 波		兰州波	
		X	Y	X	Y	X	Y
1 层底板	a_0	4	3.4	4	3.4	4	3.4
1 层	a_1	3.863	3.472	4.099	3.631	4.085	2.987
2 层	a_2	3.500	3.735	4.565	4.255	4.308	4.590
3 层	a_3	7.417	2.552	7.433	5.355	5.041	3.350
4 层	a_4	8.294	6.776	9.957	7.006	6.016	8.033
5 层	a_5	9.256	6.844	10.484	9.263	8.062	8.568

表 4.20 8 度罕遇地震作用下锈蚀原型结构最大加速度反应

单位：m/s^2

位置	加速度	Taft 波		EL Centro 波		兰州波	
		X	Y	X	Y	X	Y
1 层底板	a_0	4	3.4	4	3.4	4	3.4
1 层	a_1	4.087	3.401	4.006	3.477	4.009	3.327
2 层	a_2	4.100	3.525	4.208	3.844	4.104	3.843
3 层	a_3	6.136	3.334	6.793	4.736	4.400	3.759
4 层	a_4	7.333	5.586	9.037	6.292	4.656	7.060
5 层	a_5	8.539	6.130	9.480	8.745	7.262	7.820

4.2.10.3 原型结构位移反应

由模型试验结果推算原型结构最大位移反应的公式如下。

$$D_i = \frac{a_{mg} D_{mi}}{a_{tg} S_d} \tag{4.16}$$

式中，D_i 为原型结构第 i 层最大位移反应，mm；D_{mi} 为模型结构第 i

层最大位移反应，mm；a_{mg} 为按相似关系要求的模型试验底座最大加速度，g；a_{tg} 为模型试验时与 D_{mi} 对应的实测底座最大加速度，g；S_d 为模型位移相似系数。

在不同水准地震作用下，原型结构各层在 X、Y 方向的最大位移反应见表 4.21～表 4.23。

表 4.21　8 度多遇地震作用下原型结构相对于 1 层地板的位移最大值

单位：mm

位置	Taft 波				EL Centro 波				兰州波			
	无锈蚀结构		锈蚀结构		无锈蚀结构		锈蚀结构		无锈蚀结构		锈蚀结构	
	X	Y	X	Y	X	Y	X	Y	X	Y	X	Y
1 层	29.5	30.5	36.2	34.9	40.9	43.1	46.3	56.2	16.2	19.0	21.7	23.2
2 层	71.9	86.3	89.1	102	140	137	159	177	55.0	57.5	68.8	70.0
3 层	102	121	126	141	190	185	215	239	83.5	86.3	101	104
4 层	144	182	174	217	265	271	298	352	118	131	144	159
5 层	165	213	199	252	286	302	325	395	125	152	153	184

表 4.22　8 度基本地震作用下原型结构相对于 1 层地板的位移最大值

单位：mm

位置	Taft 波				EL Centro 波				兰州波			
	无锈蚀结构		锈蚀结构		无锈蚀结构		锈蚀结构		无锈蚀结构		锈蚀结构	
	X	Y	X	Y	X	Y	X	Y	X	Y	X	Y
1 层	57.1	53.8	69.6	70.7	66.4	70.8	74.2	85.2	45.4	37.6	55.0	50.5
2 层	157	175	187	216	319	320	340	373	151	136	174	172
3 层	216	235	256	284	403	416	434	488	214	203	245	261
4 层	300	344	355	408	587	601	618	692	291	317	334	391
5 层	342	384	407	462	663	653	715	765	319	352	372	445

表 4.23　8 度罕遇地震作用下原型结构相对于 1 层地板的位移最大值

单位：mm

位置	Taft 波				EL Centro 波				兰州波			
	无锈蚀结构		锈蚀结构		无锈蚀结构		锈蚀结构		无锈蚀结构		锈蚀结构	
	X	Y	X	Y	X	Y	X	Y	X	Y	X	Y
1 层	70.5	64.6	92.6	85.3	109	127	119	142	61.8	83.1	66.9	92.1
2 层	186	211	237	272	407	436	431	470	223	245	230	270
3 层	269	294	334	390	524	595	563	654	309	335	321	376
4 层	342	400	417	513	682	831	711	894	386	436	391	487
5 层	377	465	461	594	799	930	828	1005	430	494	439	551

4.2.10.4 原型结构剪力分布

根据原型结构的加速度反应和结构楼层的质量分布，得到原型结构在不同水准地震作用下的剪力分布，如图 4.33～图 4.35 所示。

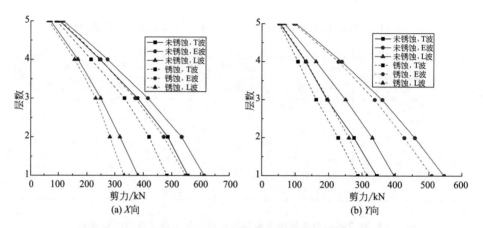

图 4.33 原型结构 8 度多遇地震作用下楼层剪力包络图

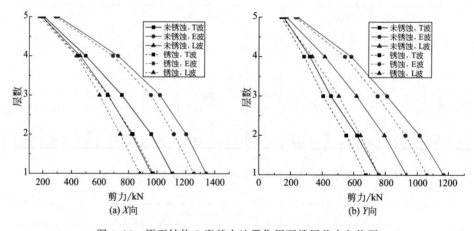

图 4.34 原型结构 8 度基本地震作用下楼层剪力包络图

由图 4.33～图 4.35 可以看出，相比其他两条地震波，EL Centro 波作用下的结构剪力最大，另外，考虑到结构的薄弱层为底层、第 2 层，所以本书仅对 EL Centro 波作用下的结构底层及第 2 层的剪重比进行输出，结果见表 4.24 和表 4.25。

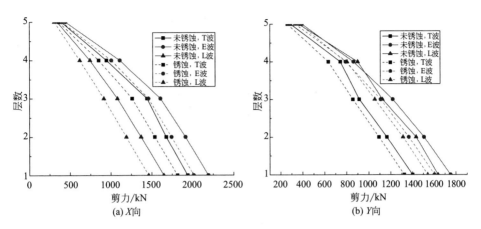

(a) X向   (b) Y向

图 4.35 原型结构 8 度罕遇地震作用下楼层剪力包络图

表 4.24 不同水准地震作用下未锈蚀原型结构剪重比

位置	8 度多遇		8 度基本		8 度罕遇	
	X	Y	X	Y	X	Y
底层	0.197	0.176	0.431	0.376	0.704	0.563
2 层	0.236	0.205	0.579	0.460	0.913	0.692

表 4.25 不同水准地震作用下锈蚀原型结构剪重比

位置	8 度多遇		8 度基本		8 度罕遇	
	X	Y	X	Y	X	Y
底层	0.176	0.163	0.403	0.341	0.647	0.515
2 层	0.211	0.192	0.544	0.426	0.829	0.629

4.3 本章小结

① 模型结构具有较大的抗震能力和良好的抗震性能,可以应用于 8 度抗震设防区,其抗震能力基本满足抗震设防的三水准要求。

② 锈蚀钢框架结构的振型形态与未锈蚀钢框架结构的基本相同,而自振频率却显著降低,结构刚度明显减小;锈蚀钢框架结构在两个方向上的位移均大于未锈蚀钢框架;锈蚀结构的加速度放大系数基本小于未锈蚀结构,这也说明锈蚀结构的刚度较未锈蚀结构要小。以上三点均充分表明锈蚀损伤会造成结构抗震性能的退化。

③ 同一烈度、同一水准的不同地震波输入时,同一结构的最大位移反

应及破坏形态是不同的，这说明结构的最大位移反应及破坏形态不仅取决于输入烈度的大小，还取决于地震波的频谱特性及与结构自振特性的关系。

④ 在一定烈度、特定地震波作用下，不同锈蚀程度的钢框架结构的破坏形态不同，此现象说明锈蚀损伤在一定条件下会影响结构的破坏形态。

⑤ 随着输入加速度峰值的提高，钢材非线性逐渐开展并产生损伤，造成结构整体的刚度退化以及阻尼比的增大，加速度放大系数有所降低。

参考文献

[1] 鲁传安.桥梁群桩基础的抗震性能研究 [D].上海：同济大学，2008.

[2] 王燕华，程文瀼，陈忠范.浅谈地震模拟振动台试验 [J].工业建筑，2008，38（7）：34-36.

[3] JGJ 101—1996.建筑抗震试验方法规程 [S].北京：中国建筑工业出版社，1997.

[4] GB 50017—2017.钢结构设计标准 [S].北京：中国建筑工业出版社，2018.

[5] GB 50011—2010.建筑抗震设计规范（2016 年版）[S].北京：中国建筑工业出版社，2016.

[6] 张敏政，孟庆利，刘晓明.建筑结构的地震模拟试验研究 [J].工程抗震，2003，4：31-35.

[7] 周颖，吕西林，卢文胜.不同结构的振动台试验模型等效设计方法 [J].结构工程师，2006，22（4）：37-40.

[8] 周颖，吕西林.建筑结构振动台模型试验方法与技术 [M].北京：科学出版社，2012.

[9] 郑山锁，杨勇，赵鸿铁.底部框剪砌体房屋抗震性能的试验研究 [J].土木工程学报，2004，37（5）：23-31.

[10] 贲国庆.钢框架结构地震作用下累积损伤分析及试验研究 [D].南京：南京工业大学，2003.

[11] 骆剑峰.框架结构静力与动力弹塑性抗震分析对比研究 [D].上海：同济大学，2007.

[12] 金怀印.带缝空心 RC 剪力墙结构抗震性能试验研究及有限元分析 [D].西安：西安建筑科技大学，2004.

[13] 黄宝锋，卢文胜，宗周红.地震模拟振动台阵系统模拟试验方法探讨 [J].土木工程学报，2008，41（3）：46-52.

[14] 张举兵，牟在根，孙杰，等.不规则体型高层钢结构模拟地震振动台试验研究 [J].北京科技大学学报，2008，30（11）：1230-1235.

[15] 孙杰.复杂体型高层钢结构模拟地震振动台试验研究 [D].北京：北京科技大学，2007.

[16] 李书进，王小平，蔡江勇，等.两层新型钢结构足尺房屋振动台试验研究 [J].武汉理工大学学报，2010，32（2）：47-51.

[17] 邓振丹.复杂钢结构-支撑体系结构振动台试验研究及有限元模拟 [D].天津：天津大学，2011.

第5章 基于时变地震损伤模型的多龄期钢框架易损性分析

　　地震易损性分析可以预测结构在不同等级的地震作用下发生各级破坏的概率，对于结构的抗震设计、加固和维修决策具有重要的应用价值。地震易损性研究方法主要包括经验易损性分析方法、试验易损性分析方法、解析易损性分析方法或其中两者的组合方法。在某些地震灾害数据比较多的地方，经验易损性是最精确的研究方法，但并不是所有地区都会发生足够多的地震，能让研究人员获得足够多评价结构发生各级破坏概率的数据。试验易损性分析方法建立在试验研究的基础上，得到的结构破坏评价指标比较可信，但开展试验研究的代价较大。相比较以上两种方法，解析易损性分析方法最大的优点便是快速、经济。

　　目前，从国内外研究成果中可以归纳出影响建筑结构地震易损性的主要因素有：结构类型、建筑年代（包括建筑设计所依据的规范及建筑服役龄期）、设防烈度、场地类别、层数等。针对各种结构地震易损性的研究已经相当成熟，而考虑服役龄期对建筑结构地震易损性的影响并建立多龄期建筑结构易损性曲线，在目前的地震易损性研究领域尚属空白。因此，本章详细介绍基于时变地震损伤模型的多龄期钢框架结构地震易损性分析方法及步骤。

　　以多龄期钢框架结构整体损伤指数为指标的地震易损性分析方法的基本步骤如下：

　　① 建立正确合理的结构数值分析模型；

　　② 统计分析结构的地震需求参数（损伤指标）与地震动强度之间的关系，即建立结构的概率地震损伤需求模型；

　　③ 考虑地震动的随机性，选择足够数量的满足条件的地震动记录，进

行增量动力分析（IDA），即对结构进行概率抗震能力分析；

④ 定义合理的结构损伤破坏状态及相应的损伤破坏极限状态；

⑤ 建立结构易损性模型，绘制易损性曲线。

5.1 在役钢框架结构的概率时变地震损伤需求分析

概率地震需求分析主要研究地震动强度与结构反应之间的相互关系，最终建立概率地震损伤需求模型。本章利用第 2 章时变地震损伤指标的研究结果，将结构的地震需求参数取为不同的地震损伤指标，对多龄期钢框架结构进行概率地震损伤需求分析，并建立各自的对数线性化地震损伤需求模型。

5.1.1 时变概率地震损伤需求模型

结构概率地震需求模型描述的是结构地震需求参数（Engineering Demand Parameter，EDP）与地震动强度参数（Intensity Measure，IM）之间的统计关系，其中 EDP 可采用位移、承载力、能量和损伤等指标；IM 可采用峰值加速度 PGA 和谱加速度 S_a 等参数。本章的概率地震损伤需求模型中的 EDP 采用的是第 2 章所建立的损伤指标，IM 采用的是峰值加速度 PGA。

地震需求 D 的中位值 m_D 和地震动 IM 之间一般服从幂指数回归关系且结构的地震需求 D 与地震能力 C 均服从对数正态分布。

$$m_D = a(IM)^b \tag{5.1}$$

在考虑结构服役时间 t 对地震易损性的影响时，式(5.1) 的拟合参数 a、b 及概率地震需求分析的对数标准差 β_D 将变为时间 t 的函数。因此，式(5.1) 可写为

$$m_D(t) = a(t)(IM)^{b(t)} \tag{5.2}$$

式中，$a(t)$、$b(t)$ 为考虑服役时间因素的地震需求 m_D 的拟合参数。

将式(5.2) 进行对数变换，可得对数线性化时变概率地震损伤需求模型为

$$\ln[m_D(t)] = \ln[a(t)] + b(t)\ln(IM) \tag{5.3}$$

令 $c(t) = \ln[a(t)]$，则式（5.3）转换为

$$\ln[m_D(t)] = c(t) + b(t)\ln(IM) \tag{5.4}$$

结构反应的概率函数 D 用对数正态分布函数表示，其统计参数的计算见式（5.5）和式（5.6）。

$$\overline{m_D} = \ln[m_D(t)] \tag{5.5}$$

$$\beta_D = \sqrt{\frac{1}{N-2}\sum_{i=1}^{N}\{\ln[D(t)] - \ln[m_D(t)]\}} \tag{5.6}$$

式中，$\overline{m_D}$ 为 D 的对数平均值；β_D 为 D 的对数标准差；$\ln[D(t)]$ 为服役时间 t 结构地震需求的对数值。

5.1.2　概率地震损伤需求分析方法

对结构进行概率地震需求分析最常用的方法是增量动力分析（IDA）以及云图法。这两种方法的计算过程基本相同，都需要进行大量的动力时程分析，所不同的是地震记录的处理方式。IDA 是事先选择一组地震记录，并将这些地震记录放大到相同的地震动强度指标（如 PGA 或 S_a），计算出结构在每条放大后的地震记录下的地震反应，从而获得结构反应的某个指标（如位移、承载力、能量或损伤）与地震动强度指标（如 PGA 或 S_a）的关系曲线。云图法是选择大量的地震记录，并把这些记录按照震级、震中距等进行分组，事先不对这些地震记录做任何的放大（这就要求地震记录的数量较多，而且地震动强度指标能够覆盖较大的范围），得到一些结构地震反应与地震动强度指标关系的离散数据点，形成云图。

IDA 或云图法都是通过对确定性的结构进行一系列地震动作用下的非线性动力反应分析，以考虑地震动的"记录对记录（Record-to-Record，RTR）"不确定性，但这两种方法都不能考虑结构自身的不确定性。为了能够同时考虑地震动与结构自身的不确定性，本书采用蒙特卡洛（Monte Carlo）随机模拟方法与 IDA 相结合的方式对多龄期钢框架结构进行地震损伤需求分析（图 5.1），其分析步骤为：

① 按照地震波选取原则，选择足够数量的地震波并对其预处理；

② 利用 Monte Carlo 随机抽样产生不同服役时间的结构随机样本，每一服役时间的结构随机样本数要与地震波数量相同，再将地震波与结构样本随机搭配，生成相同数量的地震波-结构样本；

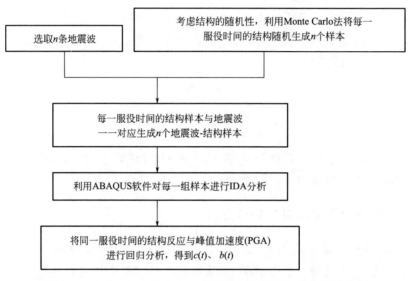

图 5.1 　Monte Carlo 法与 IDA 相结合的地震损伤需求分析流程

③ 对每一个地震波-结构样本进行 IDA；

④ 统计每一服役时间结构反应的样本均值。

5.1.3　地震波的选取

对结构进行增量动力分析（IDA）时，根据美国 ATC-63（2008）报告的选波原则进行地震波的选择。

① 所选地震震级应大于 6.5 级，震级过小对结构的损坏程度不足以引起结构的倒塌。

② 震源类型为走滑或者逆冲断层。

③ 场地为岩石或硬土场地，美国规范 IBC-2006 将场地分为 A～F 共 6 类。A 类和 B 类为坚硬的岩石，此类场地强震记录数量很少，E 类和 F 类为软弱土层。本章研究的结构只采用 C 类和 D 类场地上记录到的地震波。

④ 震中距大于 10km。近场地震记录与一般的地震动记录有区别较大，其较长的脉冲周期、明显的速度峰值和类似脉冲的波形使得短周期结构的水平地震作用和长周期结构的位移延性需求有所增加。基于此，本书选择的用于时程分析的地震动记录震中距都大于 10km。

⑤ 避免来自同一地震事件的地震波多于 2 条，使选用的地震波具有更

广泛的适用性。

⑥ 地震波的有效周期至少达到 4s。

另外震害经验、结构的低周反复疲劳现象、结构的积累效应以及试验研究都表明，地震持续时间对结构物的破坏有重要影响。文献 [9，10] 研究发现：地震持续时间对结构反应的影响主要表现在非线性阶段。持续时间应包含在所选地震动记录最强烈部分的持续时间内，一般取持续时间为大于等于 10 倍结构基本周期 T_1。文献 [11] 研究表明，对于中等高度建筑物，当采用一个相对合适、有效的地震强度指标时，10～20 条地震记录通常能足够精确地评估出结构的地震需求。因此，根据上述选波原则，在美国太平洋地震研究中心（PEER）的强震数据库中，选取 20 条地震动记录作为输入，所选地震波见表 5.1。

表 5.1　地震动记录

序号	地震波名称	测点位置	PGA/g
1	Duzce，Turkey	Bolu	0.73
2	Northridge	90013 Beverly Hills-14145 Mulhol	0.42
3	Cape Mendocino	89324 Rio Dell Overpass-FF	0.55
4	Chi-Chi，Taiwan	CHY101	0.35
5	Northridge	90054 LA-Centinela Station	0.32
6	Loma Prieta	1002 APEEL 2 Redwood C	0.22
7	Loma Prieta	1601 Palo Alto-SLAC Lab	0.28
8	Northridge	14368 Downey Co Maint Bldg	0.16
9	Imperial Valley	6610 Victoria	0.17
10	Chi-Chi，Taiwan	CHY015	0.15
11	Morgan Hill	Gilroy Array ♯2	0.21
12	Morgan Hill	Gilroy Array ♯3	0.19
13	Livermore	57187 San Ramon Eastman Kodak	0.15
14	Point	272 Port Hueneme	0.11
15	Whittier Narrows Mugu	Carson-Water St	0.10
16	Coalinga	36226 Parkfield Cholame 8W	0.10
17	Whittier Narrows	14395 LB-Harbor Admin FF	0.07
18	N. Palm Springs	5067 Indio	0.06
19	Whittier Narrows	90038 Torrance-W 226th St	0.05
20	Livermore	57063 Tracy Sewage Treatm Plant	0.05

对结构进行 IDA 时，需要对上述地震波进行调幅。IDA 中调幅的原则一般分为等步调幅和不等步调幅。考虑到钢框架结构在多遇地震作用下基本上处于弹性状态，而在罕遇地震作用下处于弹塑性状态，所以采用不等步调幅，每个算例结构分析时地震动记录最大加速度峰值依次取为 $0.07g$、$0.215g$、$0.4g$、$0.62g$、$0.8g$、$0.9g$、$1.0g$。

5.1.4　结构不确定性及随机样本的生成

在结构系统的模型化过程中，会有以下几类随机性。

（1）材料特性的随机性　由于制造环境、技术条件、材料的多相特征等因素，使工程材料的弹性模量、泊松比、质量密度、线胀系数、强度和疲劳极限等具有随机性。

（2）几何尺寸的随机性　由于设计、制造、安装等误差使结构的几何尺寸，如结构构件长度、横截面积、惯性矩、板的厚度等具有的随机性。

（3）结构边界条件的随机性　由于结构的复杂性而引起结构与结构的连接、构件与构件的连接等边界条件具有随机性。

（4）结构物理性质的随机性　由于系统的复杂性而引起系统的阻尼特性、摩擦系数、非线性特性等具有随机性。

（5）荷载的随机性　由于外界环境变化、突发事件等引起的结构荷载也常具有随机性，如风荷载、地震等。

主要考虑材料特性随机性，未锈蚀钢框架结构参数的统计特征见表 5.2。

表 5.2　算例结构参数的统计特征

随机变量	标准值	变异系数	分布类型
钢材屈服强度/MPa	235	0.07	对数正态分布
钢材弹性模量/MPa	2.06×10^5	0.04	正态分布
屈服后刚度比	0.02	0.25	正态分布

锈蚀钢框架结构的钢材屈服强度、弹性模量的标准值参见第 2 章的表 2.12，所有锈蚀钢框架结构的钢材屈服后刚度比标准值都取 0.02。假设锈蚀钢框架的钢材屈服强度、弹性模量、屈服后刚度比的变异系数及分布类型与未锈蚀结构的完全相同。

根据蒙特卡洛（Monte Carlo）随机抽样，若随机变量服从正态分布，则由式(5.7)产生随机样本。

$$x = \mu + \sigma \left(\sum_{i=1}^{n} R_i - 6 \right) \tag{5.7}$$

式中，x 为服从正态分布的随机变量；μ、σ 为随机变量的均值和标准差；R_i 为 $[0, 1]$ 的伪随机数。

对数正态分布的随机变量可通过与正态分布变量的对应关系产生，由式(5.8)得到服从对数正态分布的样本 y。

$$y = \exp(x) \tag{5.8}$$

式中，x 为服从正态分布的随机变量；y 为服从对数正态分布的随机变量。

不同服役时间的结构随机样本可表示成

$$x = \mu(t) \left[1 + \delta \left(\sum_{i=1}^{12} R_i - 6 \right) \right] \tag{5.9}$$

式中，x 为服从正态分布的随机变量；$\mu(t)$ 为服役时间 t 时的随机变量均值；δ 为随机变量的变异系数；R_i 为 $[0, 1]$ 的伪随机数。

5.1.5　算例的概率时变地震损伤需求分析

本章的算例采用第2章的5层两跨平面钢框架结构模型，结构设计参数及有限元建模方法详见2.3.5小节。

5.1.5.1　算例

利用5.1.4小节方法在 MATLAB 软件中生成服役龄期为20a、30a、40a、50a的5层两跨钢框架结构-地震波样本见表5.3～表5.6。

表5.3　服役龄期为 20a 的 5 层两跨钢框架结构-地震波样本

样本序号	弹性模量/×10⁵MPa	屈服强度/MPa	屈服后刚度比	地震波
1	1.9410	220.3513	0.0171	2
2	2.1105	237.2876	0.0125	15
3	1.9509	231.1154	0.0197	10
4	2.0055	233.7587	0.0228	11
5	2.0480	229.1015	0.0204	13
6	2.0804	200.8229	0.0279	9
7	2.0537	232.6387	0.0183	17

续表

样本序号	弹性模量/×10⁵MPa	屈服强度/MPa	屈服后刚度比	地震波
8	2.2032	257.9205	0.0240	4
9	2.1937	245.7222	0.0161	8
10	2.1116	228.7962	0.0137	6
11	2.0676	224.1193	0.0233	14
12	1.9935	239.0954	0.0130	20
13	2.0220	228.6912	0.0135	3
14	1.9441	226.3065	0.0170	12
15	2.0291	235.9111	0.0126	16
16	2.0212	255.6245	0.0228	7
17	2.2043	193.5459	0.0186	5
18	2.1221	244.6209	0.0135	1
19	2.0654	218.4173	0.0156	19
20	2.0359	250.5335	0.0151	18

表 5.4　服役龄期为 30a 的 5 层两跨钢框架结构-地震波样本

样本序号	梁弹性模量/×10⁵MPa	梁屈服强度/MPa	梁屈服后刚度比	边柱弹性模量/×10⁵MPa	边柱屈服强度/MPa	边柱屈服后刚度比	中柱弹性模量/×10⁵MPa	中柱屈服强度/MPa	中柱屈服后刚度比	地震波
1	1.9469	229.81	0.026	1.9913	222.18	0.019	2.0363	224.79	0.023	8
2	2.0213	212.33	0.028	1.9596	234.43	0.024	2.0167	217.38	0.025	15
3	1.9688	242.33	0.027	2.0559	236.36	0.020	2.0059	235.47	0.015	2
4	2.0676	238.29	0.016	1.9845	233.30	0.028	2.0680	201.44	0.022	16
5	1.9788	221.89	0.022	2.0125	229.81	0.011	2.0914	205.41	0.020	19
6	2.0322	221.22	0.025	2.0130	204.57	0.015	1.9960	263.40	0.014	10
7	2.0198	218.08	0.015	2.0030	235.88	0.016	2.0210	229.67	0.019	7
8	1.9741	245.15	0.021	2.0288	228.30	0.031	1.9846	273.31	0.019	4
9	1.9242	226.22	0.024	2.0024	238.23	0.022	2.0441	226.90	0.015	3
10	2.0087	227.81	0.014	1.9464	240.06	0.018	1.9223	233.63	0.010	11
11	1.9706	209.95	0.015	1.9718	229.02	0.020	2.0565	245.75	0.015	14
12	2.0356	235.27	0.024	2.0227	235.65	0.018	2.0257	227.94	0.020	6
13	2.0313	273.58	0.020	1.9627	225.01	0.025	2.0274	222.40	0.011	12
14	2.0787	234.90	0.023	1.9991	225.21	0.020	2.0654	253.97	0.026	9
15	2.0347	207.30	0.027	1.9753	224.25	0.024	2.0059	216.77	0.017	5
16	1.9853	234.21	0.022	1.9660	215.05	0.023	2.0116	243.88	0.010	20
17	2.0262	207.09	0.016	1.9721	234.17	0.019	1.9661	222.58	0.0206	18
18	1.9707	232.62	0.024	1.9969	250.32	0.019	1.9504	242.84	0.0274	13
19	2.0102	202.94	0.020	2.0199	221.09	0.021	1.9888	244.53	0.0203	17
20	2.0091	241.82	0.016	2.0083	222.33	0.016	2.0281	217.42	0.0208	1

表 5.5　服役龄期为 40a 的 5 层两跨钢框架结构-地震波样本

样本序号	梁弹性模量 /×10⁵ MPa	梁屈服强度 /MPa	梁屈服后刚度比	边柱弹性模量 /×10⁵ MPa	边柱屈服强度 /MPa	边柱屈服后刚度比	中柱弹性模量 /×10⁵ MPa	中柱屈服强度 /MPa	中柱屈服后刚度比	地震波
1	1.9126	217.400	0.017	1.9828	204.178	0.024	1.9789	220.0763	0.022	4
2	1.8720	229.168	0.023	1.9279	215.002	0.011	2.0001	216.9598	0.023	11
3	1.9995	216.027	0.020	1.9654	231.059	0.028	1.9271	238.038	0.016	1
4	1.9393	225.789	0.025	1.9389	210.081	0.012	1.9554	232.019	0.024	5
5	1.9732	232.080	0.013	1.9854	230.424	0.025	1.9633	240.595	0.009	10
6	1.9695	244.257	0.022	1.9861	243.295	0.014	1.9253	231.149	0.025	10
7	1.9609	237.631	0.012	1.9559	229.690	0.022	1.9210	224.367	0.020	19
8	1.9199	183.735	0.013	1.8818	228.428	0.025	2.0110	225.249	0.012	6
9	1.9222	229.965	0.022	1.9693	232.235	0.024	1.9743	231.227	0.014	9
10	1.9451	238.497	0.019	2.0277	245.013	0.020	1.9480	245.045	0.021	2
11	1.9127	225.333	0.014	2.0047	248.681	0.015	2.0060	239.378	0.021	16
12	1.9179	239.007	0.018	1.9008	209.648	0.020	1.9831	205.271	0.015	15
13	2.0190	237.687	0.017	1.9609	229.066	0.016	1.9342	228.571	0.017	15
14	1.9623	246.068	0.015	1.9367	235.117	0.011	2.0274	223.158	0.027	18
15	1.9114	244.894	0.021	1.9230	221.658	0.015	1.9854	235.685	0.017	8
16	1.9584	240.587	0.012	1.9146	265.201	0.022	2.0330	221.927	0.020	20
17	1.9150	199.352	0.021	1.9756	239.331	0.022	2.0193	244.562	0.024	12
18	1.9061	209.832	0.009	1.9468	212.397	0.017	1.9464	223.833	0.024	3
19	1.9496	236.274	0.022	1.9662	238.636	0.021	1.9221	203.513	0.020	17
20	1.9982	210.077	0.021	1.9493	236.874	0.022	1.9709	248.6826	0.011	14

表 5.6　服役龄期为 50a 的 5 层两跨钢框架结构-地震波样本

样本序号	梁弹性模量 /×10⁵ MPa	梁屈服强度 /MPa	梁屈服后刚度比	边柱弹性模量 /×10⁵ MPa	边柱屈服强度 /MPa	边柱屈服后刚度比	中柱弹性模量 /×10⁵ MPa	中柱屈服强度 /MPa	中柱屈服后刚度比	地震波
1	1.8925	207.513	0.015	1.8763	232.325	0.019	1.9561	232.757	0.018	8
2	1.9259	226.036	0.016	1.9097	245.989	0.021	1.9066	198.365	0.013	12
3	1.9402	222.392	0.022	1.9778	189.279	0.026	1.9527	175.336	0.013	9
4	1.9956	203.191	0.014	1.9155	209.730	0.008	1.8867	230.916	0.015	7
5	1.8568	210.142	0.016	1.9661	223.969	0.026	1.9341	206.789	0.023	15
6	1.8702	216.404	0.021	1.8891	229.413	0.018	1.8505	236.638	0.029	18
7	1.9526	230.813	0.028	1.9173	212.679	0.020	1.9110	247.136	0.027	1
8	1.8955	201.409	0.015	1.8857	225.859	0.024	1.9492	207.255	0.017	10
9	1.8559	211.465	0.023	1.9405	202.254	0.022	1.9179	238.193	0.009	17
10	1.9237	213.253	0.016	1.9069	218.306	0.012	1.9802	224.968	0.021	14
11	1.9732	235.890	0.018	1.9362	216.571	0.012	1.9055	213.361	0.016	20

续表

样本序号	梁弹性模量/$\times 10^5$ MPa	梁屈服强度/MPa	梁屈服后刚度比	边柱弹性模量/$\times 10^5$ MPa	边柱屈服强度/MPa	边柱屈服后刚度比	中柱弹性模量/$\times 10^5$ MPa	中柱屈服强度/MPa	中柱屈服后刚度比	地震波
12	1.9394	247.921	0.017	1.9437	236.055	0.022	1.8377	247.008	0.011	4
13	1.9894	242.750	0.026	1.9139	212.985	0.015	1.8814	214.455	0.022	6
14	1.9313	234.783	0.024	1.9526	207.293	0.012	1.9729	241.617	0.022	19
15	1.9857	225.746	0.009	2.0094	207.425	0.018	1.9262	247.160	0.024	16
16	1.8975	221.772	0.015	1.9380	225.556	0.015	1.9459	189.975	0.018	11
17	1.8655	197.525	0.022	1.9165	209.696	0.014	1.9685	268.424	0.017	5
18	1.9027	214.235	0.012	1.9535	246.063	0.014	1.8459	243.614	0.019	3
19	1.9587	220.372	0.019	1.9192	230.131	0.021	1.9049	238.849	0.019	13
20	1.8665	224.226	0.017	1.8727	226.205	0.010	1.9025	210.555	0.021	2

5.1.5.2 IDA 曲线的统计与插值

由于地震的发生是不确定的，不同的强震记录所包含的频谱、强度以及持时特性是不同的，单个强震记录的 IDA 并不能完全捕捉到结构在未来地震中的实际行为。为评价结构的抗震能力，应选择足够的地震记录，且要求覆盖将来结构可能遭受到的最强烈的地震动。单个记录 PGA 和结构损伤 $m_D(t)$ 坐标系中有一条 IDA 曲线，对多条记录就产生多条 IDA 曲线，这就给结构能力的判断带来了困难。对于单个记录的 IDA 曲线是确定的，而对于多个记录的多条 IDA 曲线便是不确定的。要得到结构在设防水准下的抗震能力，就必须对多条记录下的 IDA 结果进行统计分析并做出合理的估计。

根据多条记录的 IDA 估计结构的抗震能力通常有两种方法：参数法和非参数法。后者应用较多，最常用的非参数方法是分位数回归的方法，其具体步骤为[15]：首先假定每条 $m_D(t)$-PGA 曲线均服从正态分布，在某一 $m_D(t)$ 值下，得到不同 PGA 值的均值 μ_{PGA} 和不同 PGA 对数值的标准差 δ_{PGA}，继而得到 $[m_D(t), \mu_{PGA}]$、$[m_D(t), \mu_{PGA}e^{+\delta_{PGA}}]$、$[m_D(t), \mu_{PGA}e^{-\delta_{PGA}}]$ 三条曲线，分别为 50%、84%、16% 比例曲线，50% 曲线为中位值曲线，84% 与 16% 曲线反映出以标准差对数表示的离散程度。

对上述结构-地震波样本进行弹塑性时程分析，利用 Origin9.0 软件分析结果进行统计分析并汇总为 16％、50％、84％分位数曲线，见图 5.2。

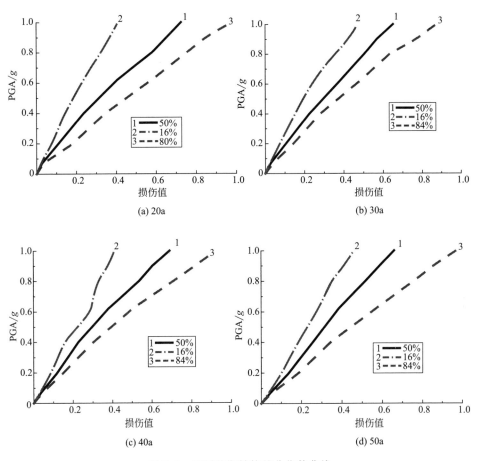

图 5.2　不同龄期结构的分位数曲线

5.1.5.3　地震需求分析

对表 5.3～表 5.6 中的结构-地震波样本进行 IDA。服役龄期为 20a、30a、40a、50a 的钢框架结构分析结果见图 5.3 所示。

不同服役龄期的钢框架结构概率地震损伤需求模型为

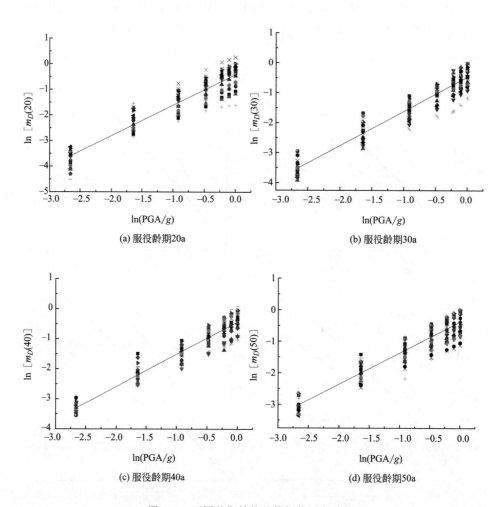

(a) 服役龄期20a

(b) 服役龄期30a

(c) 服役龄期40a

(d) 服役龄期50a

图 5.3　不同龄期结构整体损伤回归分析

$$\begin{cases} \ln[m_D(20)] = -0.153 + 1.196\ln(\text{PGA}) \\ \ln[m_D(30)] = -0.135 + 1.149\ln(\text{PGA}) \\ \ln[m_D(40)] = -0.117 + 1.079\ln(\text{PGA}) \\ \ln[m_D(50)] = -0.096 + 0.991\ln(\text{PGA}) \end{cases} \tag{5.10}$$

各公式拟合精度分别为 0.865、0.913、0.915、0.877。

基于上述 IDA 结果及式(5.6) 可以得到不同龄期结构地震需求的对数标准差，如表 5.7 所示。

表 5.7　不同龄期结构地震需求的对数标准差

龄期	20a	30a	40a	50a
对数标准差	0.4021	0.3718	0.3910	0.3972

5.2　在役钢框架结构的概率抗震能力分析

5.2.1　时变概率抗震能力模型

结构的概率抗震能力模型表征的是在给定地震需求水平下，结构发生或超过不同破坏等级的条件概率。在地震易损性分析中，结构能力 C 通常假设服从对数正态分布，也可称为概率抗震能力模型（Probabilistic Seismic Capacity Model，PSCM），如式（5.11）所示。

$$F_C(d) = P[D > C \mid D = d] = \Phi \frac{\ln\left(\dfrac{d}{m_C}\right)}{\beta_C} \tag{5.11}$$

式中，m_C 和 β_C 为结构极限状态抗震能力的中位值和对数标准差，可采用式（5.12）和式（5.13）计算获得。

$$m_C = \frac{\mu_C}{\sqrt{1 + \delta_C^2}} \tag{5.12}$$

$$\beta_C = \sqrt{\ln(1 + \delta_C^2)} \tag{5.13}$$

式中，μ_C 和 δ_C 为不同极限状态的能力平均值及变异系数。

上述概率抗震能力模型实际上是一种基于位移的模型。采用结构整体损伤 m_D 作为结构需求指标，相对应的结构抗震能力指标也应选用结构整体损伤 m_D。因此，式（5.11）可以改写为

$$F_C(m_D) = P[D > C \mid D = m_D] = \Phi \frac{\ln\left(\dfrac{m_D}{m_C}\right)}{\beta_C} \tag{5.14}$$

同样考虑服役龄期 t 对钢框架结构抗震性能的影响，式（5.13）可以变为 t 的函数，即时变概率抗震能力模型，如式（5.15）所示。

$$F_C[m_D(t)] = P[D > C \mid D = m_D(t)] = \Phi \frac{\ln\dfrac{m_D(t)}{m_C(t)}}{\beta_C(t)} \tag{5.15}$$

式中，$m_C(t)$ 和 $\beta_C(t)$ 为服役龄期为 t 的结构极限状态抗震能力的中位值及对数标准差。

5.2.2　破坏状态的划分与极限状态的定义

第 2 章中已经对钢框架结构破坏状态进行了定义，五个破坏状态分别为基本完好、轻微破坏、中等破坏、严重破坏、倒塌。而且也已确定以上五种破坏状态的损伤指标范围，详见表 2.10。

极限状态为结构的性能水准，相邻破坏状态的临界点即为极限状态，针对以上五个破坏状态可定义四个极限状态：LS1、LS2、LS3、LS4，并在表 2.10 的基础上定义极限状态损伤限值，见图 5.4。

图 5.4　钢框架结构破坏状态划分与极限状态定义

损伤指标界定的依据不考虑锈蚀影响，由图 5.4 可以确定式（5.15）中的 $m_C(t)$，四个极限状态钢框架结构抗震能力的中位值分别为 0.2、0.4、0.6、0.9。

根据文献［17］确定对数标准差 $\beta_C(t)$ 为 0.25。

5.3　在役钢框架结构的概率地震易损性分析

结构的易损性曲线表示在不同强度地震作用下结构反应 D 超过破坏阶段所定义的结构承载能力 C 的条件概率。因为结构地震反应 D 和结构能力 C 都服从对数正态分布，所以特定阶段的失效概率可由式（5.15）确定：

$$P_f(\text{PGA}) = P[D(t) \geqslant C(t)] = \Phi\frac{\ln[m_D(t)] - \ln[m_C(t)]}{\sqrt{\beta_C^2 + \beta_D^2}} \quad (5.16)$$

式中，$m_D(t)$ 为结构地震反应 D 的均值，由式（5.10）表示；标准差 β_D 由表（5.7）确定；$m_C(t)$ 为结构能力均值，以结构的损伤为指标，见

图 5.4；β_C 为 0.25。

将式(5.10) 及表 5.7 各数值代入失效概率公式 ［式(5.16) ］，则得到结构在不同极限状态、不同地震动强度 PGA 作用下结构的失效概率，见式(5.17)，并绘制成易损性曲线，如图 5.5 所示。

$$P_f(\text{PGA})=\begin{cases}\varPhi\dfrac{1.196\ln(\text{PGA})+1.456}{0.473}\\[2mm]\varPhi\dfrac{1.149\ln(\text{PGA})+1.474}{0.448}\\[2mm]\varPhi\dfrac{1.079\ln(\text{PGA})+1.492}{0.464}\\[2mm]\varPhi\dfrac{0.991\ln(\text{PGA})+1.513}{0.469}\\[2mm]\text{LS1}\end{cases}\quad P_f(\text{PGA})=\begin{cases}\varPhi\dfrac{1.196\ln(\text{PGA})+0.763}{0.473}\\[2mm]\varPhi\dfrac{1.149\ln(\text{PGA})+0.781}{0.448}\\[2mm]\varPhi\dfrac{1.079\ln(\text{PGA})+0.799}{0.464}\\[2mm]\varPhi\dfrac{0.991\ln(\text{PGA})+0.820}{0.469}\\[2mm]\text{LS2}\end{cases}$$

$$P_f(\text{PGA})=\begin{cases}\varPhi\dfrac{1.196\ln(\text{PGA})+0.358}{0.473}\\[2mm]\varPhi\dfrac{1.149\ln(\text{PGA})+0.376}{0.448}\\[2mm]\varPhi\dfrac{1.079\ln(\text{PGA})+0.394}{0.464}\\[2mm]\varPhi\dfrac{0.991\ln(\text{PGA})+0.415}{0.469}\\[2mm]\text{LS3}\end{cases}\quad P_f(\text{PGA})=\begin{cases}\varPhi\dfrac{1.196\ln(\text{PGA})-0.048}{0.473}\\[2mm]\varPhi\dfrac{1.149\ln(\text{PGA})-0.030}{0.448}\\[2mm]\varPhi\dfrac{1.079\ln(\text{PGA})-0.012}{0.464}\\[2mm]\varPhi\dfrac{0.991\ln(\text{PGA})+0.009}{0.469}\\[2mm]\text{LS4}\end{cases}$$

$$(5.17)$$

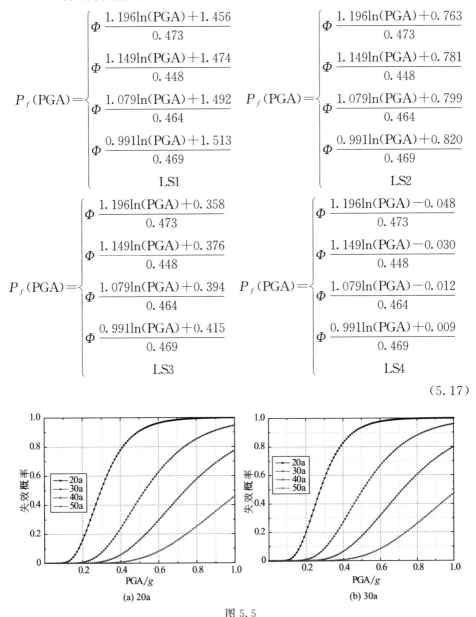

(a) 20a　　　　　　　　　　(b) 30a

图 5.5

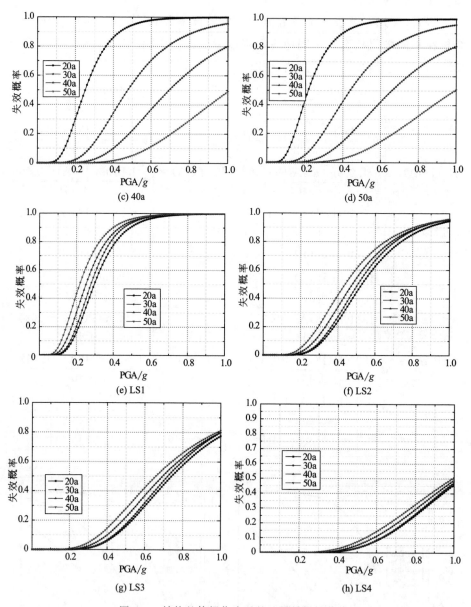

图 5.5 结构整体损伤表示的地震易损性曲线

由图 5.5 可以看出，随着结构服役龄期的增大，钢框架结构在各极限状态下失效的概率均增大，此结果进一步表明不同服役龄期的钢框架结构的抗震性能是不同的，而且抗震性能随服役龄期的增长而退化。

5.4　本章小结

① 考虑服役龄期对钢框架结构抗震性能的影响，分别建立概率时变地震损伤需求模型、概率时变抗震能力模型及时变易损性模型。

② 在对结构进行概率时变地震损伤需求分析时，考虑地震动与结构力学性能的不确定性，利用 Monte Carlo 法随机抽样产生不同服役时间的结构随机样本，每一服役时间的结构随机样本数要与地震波数量相同，再将地震波与结构样本随机搭配，生成相同数量的地震波-结构样本。

③ 在概率时变地震损伤需求分析及抗震能力分析的基础上，得到多龄期（20a、30a、40a、50a）钢框架结构的易损性模型及易损性曲线。易损性曲线显示：服役龄期增长将造成钢结构抗震性能的退化。

参考文献

[1]　万正东.RC框架结构基于概率损伤模型的地震易损性与风险分析 [D].哈尔滨：哈尔滨工业大学，2009.

[2]　李静，陈健云，温瑞智.框架结构群体震害易损性快速评估研究 [J].振动与冲击，2012，31（7）：99-103.

[3]　Cornell C A，et al. The probabilistic basis for the 2000 SAC/FEMA steel moment frame guidelines [J]. ASCE Journal of Structural Engineering，2002，128（4）：526-533.

[4]　吕大刚，于晓辉，潘峰，等.基于改进云图法的结构概率地震需求分析 [J].世界地震工程，2010，26（1）：7-15.

[5]　FEMA P695. Quantification of building seismic performance factors [S]. USA：Applied Technology Council，2009.

[6]　IBC-2006. International Building Code [S]. USA：International Code Council，2006.

[7]　王京哲，朱稀.近场地震速度脉冲下的反应谱加速度敏感区 [J].中国铁道科学，2003，24（6）：27-30.

[8]　王东升，冯启民，翟桐.近断层地震动作用下钢筋混凝土桥墩的抗震性能 [J].地震工程与工程振动，2003，23（1）：95-102.

[9]　刘新岗.基于IDA分析的城市轨道交通桥梁结构抗震性能研究 [D].北京：北京交通大学，2009.

[10]　白峻昶，勒金平.时程分析用地震波选取的探讨 [J].山西建筑，2007，33（3）：62-63.

[11]　Luco N，et al. Effects of connection fractures on SMRF seismic drift demands [J]. Journal of

Structural Engineering，2000，126（1）：127-136.

［12］ 雒卫廷.随机结构分析的加权残值方法［D］.西安：西安电子科技大学，2003.

［13］ 郑山锁，田进，韩彦召，等.考虑锈蚀的钢结构地震易损性分析［J］.地震工程学报，2014，36（1）：1-6.

［14］ 张守斌，聂昊.增量动力分析方法及其在性能评估中的应用［J］.工程建设与设计，2007：33-35.

［15］ 卜一，吕西林，周颖，等.采用增量动力分析方法确定高层混合结构的性能水准［J］.结构工程师，2009，25（2）：77-84.

［16］ 于晓辉.钢筋混凝土框架结构的概率地震易损性与风险分析［D］.哈尔滨：哈尔滨工业大学，2012.

［17］ Ellingwood B R，Kinali K. Quantifying and communicating uncertainty in seismic risk assessment［J］. Structural Safety，2009，31（2）：179-187.

［18］ 吕大刚，于晓辉，王光远.基于FORM有限元可靠度方法的结构整体概率抗震能力分析［J］.工程力学，2012，29（2）：1-8.

第6章 酸性大气环境下钢框架结构性能化全寿命抗震优化设计

近年来，在役钢结构在地震作用下产生的巨大经济损失让人们清醒地认识到：钢结构抗震设计思想必须从以往只注重安全，向全面注重结构的性能、安全及经济等诸多方面发展。在结构设计之初，设计者们希望能够获得初始投资与风险的最小化，但这显然是不可能事件，初始投资与风险是两个相互矛盾的目标，增加初始投资，则可以降低风险；而减少初始投资，则风险就会增大。虽然初始投资与风险不可能同时最小化，但可以寻求初始投资和风险之间的一种合理平衡状态，借鉴此思想，基于投资-效益准则的结构抗震优化设计理论被许多学者提出。

投资-效益准则中需要对结构全寿命费用进行分析，全寿命费用由两部分构成：初始造价和风险损失。影响结构风险的因素本身具有大量的不确定性，如地震荷载、构件材料性能、截面几何尺寸、结构计算分析模型等，要获得可靠的风险分析必须考虑这些不确定性，因此，结构优化设计必须以可靠度理论为基础。在对结构进行可靠度分析时，需要确定量化结构各性能状态的性能指标。传统可靠度分析一般采用层间变形准则作为结构的破坏准则，但层间变形准则不能区别结构在地震荷载作用下不同持续时间内的弹塑性反应过程和反复荷载作用下的累积破坏现象。如果采用变形和能量准则作为结构的破坏准则，从损伤角度对结构进行可靠度分析便可以解决上述问题。

由于钢结构在服役期间将受到环境的腐蚀作用，腐蚀将造成钢构件截面减小、力学性能退化、抗震性能降低及可靠度降低，即钢结构在环境作用下产生锈蚀损伤。所以对结构进行可靠度分析时需要考虑两部分的损伤：地震损伤和锈蚀损伤。

6.1 基于损伤的钢框架结构可靠度分析

基于损伤的结构可靠度分析的具体步骤如下：

① 确定结构的地震损伤性能目标；

② 确定结构的目标损伤可靠度；

③ 建立结构的地震损伤模型，确定模型参数；

④ 计算结构在小震、中震以及大震作用下地震损伤可靠度，并进行验算；

⑤ 根据验算的结果对结构各项性能目标进行调整，使结构满足目标可靠度的要求。

6.1.1 钢框架结构地震损伤性能目标的确定

建筑结构在地震作用下最直观的表现就是损伤，期望结构在地震作用下无损伤或者不发生破坏是不经济的，也是不现实的。在允许结构地震损伤的前提下，根据历史地震资料、结构的地震设防水平和重要性，在充分估计未来地震特征的基础上，按一定的损伤程度限制进行结构的抗震设计成为研究人员及设计者们自然而合理的追求。地震损伤性能设计涉及两个重要的方面：一是要合理地选择能够定量描述结构地震损伤的损伤模型；二是要合理地确定地震损伤性能目标及地震损伤指数的限值。第 2 章中已经提出了一个符合损伤指数定义的地震损伤模型，本小节将重点讨论地震损伤性能目标的确定和损伤指数限值的问题。

建筑结构在地震作用下的震害或损伤通常划分为以下 5 个等级：基本完好、轻微破坏、中等破坏、严重破坏和倒塌。为了灵活、合理地考虑地震的三级设防标准和结构性能水准的要求，欧进萍等结合我国现行抗震规范，提出了钢筋混凝土结构三水准抗震设计的地震损伤性能目标，他们建议：对于一般结构，相应于小震、中震和大震作用下结构的损伤指数范围分别为 $0\sim0.25$、$0.25\sim0.5$、$0.5\sim0.9$。

鉴于目前钢框架结构地震损伤的研究结果有限，借鉴欧进萍等的思想，参考《中国地震烈度表》（GB/T 17742—2008）中给出的震害指数及表 2.10，并分析总结第 3 章酸性大气环境下锈蚀钢框架柱试验数据，定义了钢框架结构的抗震目标性能水平量化值，如表6.1所示。

表6.1 钢框架结构的抗震目标性能水平量化值

项目	小震	中震	大震
性能水平	基本完好	轻微破坏与中等破坏	严重破坏与倒塌
修复经济可接受性	完全接受	可接受	不可接受
安全性	安全	安全	生命安全
层间位移限值	1/250	1/100	1/50
损伤限值	0.25	0.5	0.9

6.1.2 在役钢框架结构的目标损伤可靠度指标限值

对钢框架进行基于损伤的可靠度分析，必须确定用来衡量钢框架结构概率性能水准的目标可靠度指标。根据文献［7］及表6.1可以确定不同水平地震作用下结构的目标可靠度指标，如表6.2所示。

表6.2 钢框架结构目标损伤可靠度指标限值

项目	小震	中震	大震
性能水平	基本完好	轻微破坏与中等破坏	严重破坏与倒塌
目标可靠指标	1.5	1.0	0.5

6.1.3 基于损伤可靠度的概率极限状态方程

进行结构的可靠度分析首先要建立概率极限状态方程，而概率极限状态方程是建立在抗震结构破坏准则基础之上的。现有的极限状态和破坏准则主要有以下四种。

（1）强度破坏准则（强度极限状态） 强度破坏准则是指按结构动力或等效静力方法求出构件的最大动内力（或等效静内力），如果结构受力使某一构件的控制界面达到允许的承载能力时，就认为结构破坏，因此，该准则可以表示为

$$\sigma \leqslant [\sigma] \tag{6.1}$$

式中，σ 和 $[\sigma]$ 分别为构件实际的及允许的强度。

强度验算是结构在"小震"作用时必须满足的准则，它是保证结构安

全最基本的条件。当结构在"中震"和"大震"作用下时，结构将进入弹塑性变形状态，此状态下结构的强度基本不会增大，反而是结构损伤会越来越严重。强度破坏准则只能反映结构弹性状态的性能，无法反应结构进入弹塑性工作状态时的非线性力学性质，因此，该准则仅适用于"小震不坏"的抗震设计。

（2）变形破坏准则　该准则认为结构的破坏主要是因为结构的层间弹塑性变形（或最大位移延性系数）超过了允许的变形破坏指标而引起的。变形破坏准则通常可以用最大弹塑性位移表示为

$$X_m \leqslant [X_m] \tag{6.2}$$

或者用最大位移延性系数表示为

$$\mu_m \leqslant [\mu_m] \tag{6.3}$$

上述两式中，X_m 和 μ_m 分别为结构在地震作用下实际的最大弹塑性位移及最大位移延性系数；$[X_m]$ 和 $[\mu_m]$ 分别为结构允许的弹塑性变形及延性系数。

变形破坏准则比强度破坏准则较为接近实际。但是该准则还不能体现结构在地震这种往复荷载作用下的低周疲劳现象，也不能很好地体现不同强震持续时间对结构累积损伤性能的影响。

（3）能量破坏准则（耗能极限状态）　该准则认为结构在长期动荷载作用下，其动力反应将在低于首超破坏界限的幅值上多次往复，最后由于结构在累积滞回耗能超过结构允许的耗能能力而发生破坏。能量破坏准则可以表示为

$$E_h \leqslant [E_h] \tag{6.4}$$

式中，E_h 和 $[E_h]$ 分别为结构实际的及允许的累积滞回耗能。

（4）变形和能量双重破坏准则（损伤极限状态）　为了弥补变形准则与能量准则的不足，应该同时考虑变形与耗能对结构破坏的作用，将变形破坏准则和能量破坏准则结合在一起，即认为结构的破坏是由于产生了一定的变形，同时又经历了一定的能量消耗过程，这就是变形和能量双重破坏准则。该准则不是变形和能量的简单叠加，两者是相互作用的，随着能量破坏的增加，最大位移反映的控制界限将随之降低；反之，随着结构变形的增加，能量的最大控制界限也将降低。

由于变形和能量双重破坏准则涉及结构地震损伤的定义，因此该准则

通常用地震损伤指数表示为

$$DM \leqslant [DM] \tag{6.5}$$

式中，DM 和 $[DM]$ 分别为结构实际的及允许的地震损伤指数。

参考文献 [7] 中根据"小震不坏、中震可修、大震不倒"的多级设防思想，对应于结构的抗震性能目标，给出用于可靠度分析的概率极限状态方程，如下所示。

① 小震作用下的承载能力极限状态方程。

$$g_1(x) = f_y - \sigma_s(x) = 0 \tag{6.6}$$

式中，x 为设计变量；f_y 为材料的屈服强度；$\sigma_s(x)$ 为各构件的最大应力。

② 小震作用下的正常使用极限状态方程。

$$g_2(x) = [\theta_s]h - \Delta u_s(x) = 0 \tag{6.7}$$

式中，$[\theta_s]$ 为弹性层间位移角限值，按规范采用；h 为楼层的计算层高；$\Delta u_s(x)$ 为多遇地震作用标准值产生的结构楼层内最大的弹性层间位移。

③ 小震作用下的损伤极限状态方程。

$$g_3(x) = [D_s] - D(x) = 0 \tag{6.8}$$

式中，$[D_s]$ 为小震作用下结构或构件的损伤限值。

④ 中震作用下的损伤极限状态方程。

$$g_4(x) = [D_m] - D(x) = 0 \tag{6.9}$$

式中，$[D_m]$ 为中震作用下结构或构件的损伤限值。

⑤ 大震作用下的损伤极限状态方程。

$$g_5(x) = [D_l] - D(x) = 0 \tag{6.10}$$

式中，$[D_l]$ 为大震作用下结构或构件的损伤限值。

为建立钢框架结构的极限状态函数，上面三个公式中的 $D(x)$ 取为第2章所建立的 D'_0，具体计算详见第2章。其表达式如下。

$$D'_0 = \left(\frac{x'_m}{x'_u}\right)^{\beta_1} + \left(\frac{E'_h}{F'_y x'_u}\right)^{\beta_1} \tag{6.11}$$

式中，x'_m 和 E'_h 可以分别通过对锈蚀结构或构件在地震作用下的弹塑性时程分析求得。

将式(6.11)分别代入式(6.8)～式(6.10)中，可得到在役钢框架结构在小震、中震、大震作用下简化的损伤极限状态方程。

$$g_3(x) = 0.25 - \left[\left(\frac{x'_{m1}}{x'_u}\right)^{\beta} + \left(\frac{E'_{h1}}{F'_y x'_u}\right)^{\beta}\right] = 0 \qquad (6.12)$$

$$g_4(x) = 0.5 - \left[\left(\frac{x'_{m2}}{x'_u}\right)^{\beta} + \left(\frac{E'_{h2}}{F'_y x'_u}\right)^{\beta}\right] = 0 \qquad (6.13)$$

$$g_5(x) = 0.9 - \left[\left(\frac{x'_{m3}}{x'_u}\right)^{\beta} + \left(\frac{E'_{h3}}{F'_y x'_u}\right)^{\beta}\right] = 0 \qquad (6.14)$$

式中，x'_{m1}、x'_{m2}、x'_{m3} 分别为在役钢框架结构在小震、中震、大震作用下的最大位移；E'_{h1}、E'_{h2}、E'_{h3} 分别为在役钢框架结构在小震、中震、大震作用下的最大滞回耗能。

6.1.4 基本随机变量的取值

由于式（6.12）～式（6.14）的中第二项损伤模型的不精确，利用随机变量 B_1、B_2、B_3 分别表示式（6.12）～式（6.14）的损伤模型不精确造成的计算模式的不确定性，在本书中，损伤计算模式的不确定性随机变量 B_1、B_2、B_3 的统计参数可通过本课题组的试验实测值和公式计算值的比值得出，见表 6.3。

除计算模式不确定性外，本书中所考虑的随机性还包括以下三种。

（1）构件几何尺寸的随机性　梁柱构件的几何尺寸 b、h，钢筋截面面积 A^s，型钢截面面积 A^a 的统计参数，见表 6.3。

（2）材料特性的随机性　型钢强度 f_a 的统计参数，见表 6.3。

（3）荷载作用效应的随机性　重力荷载效应为构件自重（恒载）和其他重力荷载（活载）在地震发生时可能的组合。本书在分析在役钢框架结构的承载力可靠度时采用确定烈度下水平地震荷载作用效应的统计参数，由本章参考文献［10］可得荷载作用效应的统计特性，如表 6.3 所示。

表 6.3　在役框架结构随机变量统计参数

随机变量	物理意义	分布类型	均值/标准值	变异系数
b、h	梁柱截面几何尺寸	正态分布	1.0	0.01
A^s	钢筋截面面积	正态分布	1.0	0.03
A^a	型钢截面面积	正态分布	1.0	0.07

续表

随机变量	物理意义	分布类型	均值/标准值				变异系数
S^G	重力荷载效应	正态分布	0.75				0.1
S^E	地震作用效应	极值I型	1.06				0.3
B_1	小震损伤计算模式不确定性	正态分布	0.87				0.29
B_2	中震损伤计算模式不确定性	正态分布	0.83				0.35
B_3	大震损伤计算模式不确定性	正态分布	0.94				0.30
f_a	型钢强度设计值	正态分布	Q235	钢材厚度 t/mm	$t \leqslant 16$	1.070	0.081
					$16 < t \leqslant 40$	1.074	0.077
					$40 < t \leqslant 60$	1.118	0.066
					$60 < t \leqslant 100$	1.087	0.066
			Q345	钢材厚度 t/mm	$t \leqslant 16$	1.040	0.066
					$16 < t \leqslant 35$	1.018	0.067
					$35 < t \leqslant 50$	1.125	0.057
					$50 < t \leqslant 100$	1.184	0.083

6.1.5　基于损伤的钢框架可靠度分析方法

可靠度分析方法主要有一次二阶矩方法、二次二阶矩方法、Monte Carlo 模拟法和概率有限法等。相比较其他方法，Monte Carlo 模拟法更容易程序实现，稳健性好，可以考虑任何分布类型，而且功能函数的形式对计算结果没有影响。针对本书钢框架结构的特点，采用 Monte Carlo 模拟法对在役钢框架结构进行可靠度分析。

设结构的功能函数为 $Z = g_X(X) = 0$，基本随机变量 X 的联合概率密度函数为 $f_X(x)$。按 $f_X(x)$ 对 X 进行随机抽样，用所得样本值 x 计算功能函数值 $Z = g_X(x)$。若 $Z < 0$，则模拟中结构失效一次。若总共进行了 N 次模拟，$Z < 0$ 出现了 n_f 次，于是结构失效概率 P_f 的估计值为

$$\hat{P}_f = \frac{n_f}{N} \qquad (6.15)$$

结构的失效概率为

$$P_f = \int_{\Omega_f} f_X(x) \mathrm{d}x = \int_{-\infty}^{+\infty} I[g_X(x)] f_X(x) \mathrm{d}x = E\{I[g_X(x)]\}$$

(6.16)

式中，$I(x)$ 为 x 的指示函数，规定当 $x < 0$ 时为 $I(x) = 1$；当 $x \geqslant 0$ 时为 $I(x) = 0$。$I[g_X(x)] = 0$，在此将积分区域从非规则的失效 Ω_f 扩充至无穷大规则域，使被积函数在整个 $g_X(x) \geqslant 0$ 的区域为零。

根据式(6.16)，设 X 的第 i 个样本值为 x_i，则 P_f 的估计值为

$$\hat{P}_f = \frac{1}{N} \sum_{i=1}^{N} I[g_X(x_i)]$$

(6.17)

$I[g_X(x)] (i = 1, 2, \cdots, N)$ 是从总体 $I[g_X(x)]$ 中得到的样本值，根据式(6.17) 可以计算这些样本的均值 $\hat{P}_f$。由数理统计知，无论 $I[g_X(x)]$ 服从什么分布，都有 $\mu_{\hat{P}_f} = \mu_{I[g_X(x)]}$，$\sigma_{\hat{P}_f}^2 = \sigma_{I[g_X(x)]}^2 / N$。由式(6.16) 可知，$\mu_{\hat{P}_f} = P_f$，说明 $\hat{P}_f$ 是 P_f 的无偏估计量。

对于大样本（如 $N > 30$），根据中心极限定理，样本均值 $\hat{P}_f$ 渐进服从正态分布。因此，总体 $I[g_X(x)]$ 的参数 P_f 的置信区间长度的一半，即模拟的绝对误差可表示为

$$\Delta = |\hat{P}_f - P_f| \leqslant \frac{u_{\frac{a}{2}}}{\sqrt{N}} \sigma_{I[g_{X(x)}]} = u_{\frac{a}{2}} \sigma_{\hat{P}_f}$$

(6.18)

其中 $u_{a/2} > 0$ 为标准正态分布的上 $\alpha/2$ 分位点，即 $\int_{u_{a/3}}^{+\infty} \varphi(x) \mathrm{d}x = \alpha/2 = \Phi(-u_{a/2})$。

模拟的相对误差为

$$\varepsilon = \frac{\Delta}{P_f} = \frac{\Delta}{\mu_{\hat{P}_f}} \leqslant u_{\frac{a}{2}} V_{\hat{P}_f}$$

(6.19)

根据式(6.17)，$\hat{P}_f$ 的方差为

$$\sigma_{\hat{P}_f}^2 = \frac{\sigma_{n_f}^2}{N^2} = \frac{1}{N} P_f(1 - P_f)$$

(6.20)

$\hat{P}_f$ 的变异系数为

$$V_{\hat{P}_f} = \frac{\sigma_{\hat{P}_f}}{\mu_{\hat{P}_f}} = \sqrt{\frac{1 - P_f}{N P_f}}$$

(6.21)

6.2　基于损伤可靠度的钢框架结构全寿命抗震优化设计

6.2.1　在役钢框架结构抗震优化设计方法

　　基于损伤可靠度的优化设计迭代过程包含内外两层，外层对优化模型进行优化计算，内层对结构进行损伤可靠度分析，其分析流程如图 6.1 所示。基于 MATLAB 的 Monte Carlo 模拟流程如图 6.2 所示。

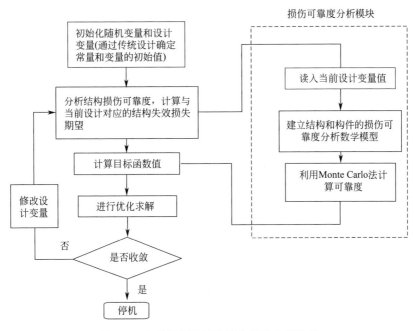

图 6.1　在役钢框架结构优化设计分析流程

　　《建筑抗震设计规范》（GB 50011—2010）规定，结构设计采用两阶段抗震设计方法来实现"小震不坏、中震可修、大震不倒"的三水准设防目标。由于结构的倒塌主要是由大震作用引起的，而结构的"小震不坏、中震可修"的目标主要是通过验算结构构件承载能力可靠度、结构变形能力可靠度以及构造措施来保证的。因此，对结构进行优化设计时，损伤可靠度的分析计算模块中需要包括以下 5 部分。

　　（1）小震作用下结构构件承载力可靠度验算

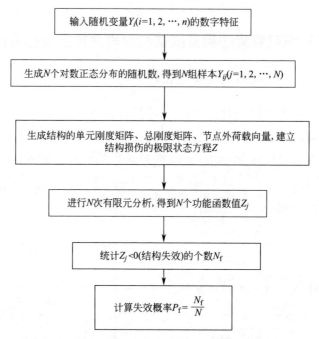

输入随机变量 $Y_i(i=1, 2, \cdots, n)$ 的数字特征

生成 N 个对数正态分布的随机数，得到 N 组样本 $Y_{ij}(j=1, 2, \cdots, N)$

生成结构的单元刚度矩阵、总刚度矩阵、节点外荷载向量，建立结构损伤的极限状态方程 Z

进行 N 次有限元分析，得到 N 个功能函数值 Z_j

统计 $Z_j<0$(结构失效)的个数 N_f

计算失效概率 $P_f = \dfrac{N_f}{N}$

图 6.2　基于 MATLAB 的 Monte Carlo 模拟流程

$$P_f[g_1(x) \leqslant 0] = P_f[f_y - \sigma_s(x) \leqslant 0] \leqslant [P_{fe}] \qquad (6.22)$$

式中，$[P_{fe}] = \Phi(-[\beta_e])$ 为与结构构件的目标可靠指标 $[\beta_e]$ 相对应的目标失效概率；f_y 为材料的屈服强度；$\sigma_s(x)$ 为各构件的最大应力；x 为设计变量。

（2）小震作用下结构楼层的弹性层间变形可靠度验算

$$P_f[g_2(x) \leqslant 0] = P_f[[\theta_s]h - \Delta u_s(x) \leqslant 0] \leqslant [P_{f\theta}] \qquad (6.23)$$

式中，$[P_{f\theta}]$ 为与结构弹性变形目标可靠度指标；$[\beta_\theta]$ 为相对应的目标失效概率；$[\theta_s]$ 为弹性层间位移限值；h 为楼层的计算层高；$\Delta u_s(x)$ 为多遇地震作用标准产生的结构楼层内最大的弹性层间位移；x 为设计变量。

（3）小震作用下结构楼层的损伤可靠度验算

$$P_f[g_3(x) \leqslant 0] = P_f[D_s - D(x) \leqslant 0] \leqslant [P_{fs}] \qquad (6.24)$$

式中，x 为设计变量；$[D_s]$ 为小震作用下结构或构件的损伤限值；$[P_{fs}]$ 为与结构弹性变形目标可靠指标 $[\beta_s]$ 相对应的目标失效概率。

（4）中震作用下结构楼层的损伤可靠度验算

$$P_f[g_4(x) \leqslant 0] = P_f[D_m - D(x) \leqslant 0] \leqslant [P_{fm}] \qquad (6.25)$$

式中，$[D_m]$ 为中震作用下结构或构件的损伤限值；$[P_{fm}]$ 为与结构弹塑性变形目标可靠指标 $[\beta_m]$ 相对应的目标失效概率。

（5）大震作用下结构的损伤可靠度验

$$P_f[g_5(x) \leqslant 0] = P_f[D_1 - D(x) \leqslant 0] \leqslant [P_{fl}] \qquad (6.26)$$

式中，x 为设计变量；$[P_{fl}]$ 为与结构弹塑性变形目标可靠指标；$[\beta_l]$ 为相对应的目标失效概率；$[D_l]$ 为大震作用下结构或构件的损伤限值。

6.2.2　在役钢框架结构抗震优化数学模型

基于"投资-效益"准则，采用线性加权法构造目标函数，通过调整加权系数改变两个优化目标（初始造价和结构失效损失期望）在目标函数中的重要程度，建立在役钢框架结构抗震优化数学模型，模型如下。

待求设计变量为

$$X = \{x_1, x_2, \cdots, x_n\}^T , X \subset R \qquad (6.27)$$

目标函数

$$\mathrm{Min} F_0(X) = \alpha_1 C_0(X) + \alpha_2 \sum_{i=1}^{n} P_{fi}(X) C_{fi} , (\alpha_1 \geqslant 0, \alpha_2 \geqslant 0, \alpha_1 + \alpha_2 = 1) \qquad (6.28)$$

优化约束条件为

$$g_j(X) = 0 , j = 1, 2, \cdots, p \qquad (6.29)$$

$$h_k(X) \leqslant 0 , k = 1, 2, \cdots, q \qquad (6.30)$$

式中，α_1 和 α_2 为加权系数；X 为设计变量向量；目标函数 $F_0(X)$ 为钢框架结构在整个寿命周期内的总费用，其中 $C_0(X)$ 为钢框架结构的初始钢材材料造价，P_{fi} 为基于该性能 i 的结构失效概率，C_{fi} 为该性能失效时的损失值；$g_j(X) = 0$、$h_k(X) \leqslant 0$ 分别为等式约束与不等式约束。

6.2.3　优化设计方法

为了简化优化过程，在对在役钢框架结构进行优化之前，首先采用 PKPM 软件按照现行规范方法设计，得到一个较为合理的设计结果，将此设计结果中柱距、层高作为优化模型中的常量，并且将梁、柱型钢截面尺寸作为优化设计迭代过程中的初始值。

6.2.3.1　设计变量

在役钢框架结构优化目标包括初始造价和结构相应于"小震不坏、中震可修、大震不倒"性能失效时的失效损失期望，约束条件中包含结构的承载能力、稳定性及构造约束，则优化设计变量为：

$$X = \begin{bmatrix} b_{ij,c}^{af} & b_{ij,b}^{af} & t_{ij,c}^{af} & t_{ij,b}^{af} & h_{ij,c}^{w} & h_{ij,b}^{w} & t_{ij,c}^{w} & t_{ij,b}^{w} \end{bmatrix} \quad (6.31)$$

式中，$b_{ij,c}^{af}$ 和 $t_{ij,c}^{af}$ 分别为第 i 层第 j 根柱型钢翼缘的宽度及厚度；$h_{ij,c}^{w}$ 和 $t_{ij,c}^{w}$ 分别为第 i 层第 j 根柱型钢腹板的高度及厚度；$b_{ij,b}^{af}$ 和 $t_{ij,b}^{af}$ 分别为第 i 层第 j 根梁型钢翼缘的宽度及厚度；$h_{ij,b}^{w}$ 和 $t_{ij,b}^{w}$ 分别为第 i 层第 j 根梁型钢腹板的高度及厚度。

以下文中所有参数下角标 i、j、b、c 都分别代表第 i 层、第 j 根、梁、柱。

6.2.3.2　优化目标

优化目标为

$$\mathrm{Min} F(X) = \alpha_1 C_0(X) + \alpha_2 (C_{fs} P_{fs} + C_{fm} P_{fm} + C_{fl} P_{fl}) \quad (6.32)$$

式中，$C_0(X)$ 为在役钢框架结构的初始造价；C_{fs}、C_{fm}、C_{fl} 为结构相应于"基本完好、中等破坏、严重破坏"性能失效的失效损失值；P_{fs}、P_{fm}、P_{fl} 为结构在"基本完好、中等破坏、严重破坏"性能下失效的失效概率；$C_{fs} P_{fs}$、$C_{fm} P_{fm}$、$C_{fl} P_{fl}$ 为在役钢框架结构在"基本完好、中等破坏、严重破坏"性能下失效的失效损失期望。

在役钢框架结构初始造价的具体表达式为

$$C_0(X) = C_a \left[\sum_{i=1}^{n} \sum_{j=1}^{m} L_{ij,c} A_{ij,c} + \sum_{i=1}^{n} \sum_{j=1}^{p} L_{ij,b} A_{ij,b} \right] \quad (6.33)$$

$$A_{ij,c} = 2 b_{ij,c}^{af} t_{ij,c}^{af} + h_{ij,c}^{w} t_{ij,c}^{w} \quad (6.34)$$

$$A_{ij,b} = 2 b_{ij,b}^{af} t_{ij,b}^{af} + h_{ij,b}^{w} t_{ij,b}^{w} \quad (6.35)$$

式中，C_a 为型钢的单价；$A_{ij,c}$、$A_{ij,b}$ 分别为第 i 层第 j 根柱、梁截面面积；$L_{ij,b}$、$L_{ij,c}$ 分别为第 i 层第 j 根梁、柱构件长度，为已知常量；p、m 分别为每层梁、柱构件的总数；n 代表结构总层数。

通常所讲的小震、中震、大震分别是指 50a 超越概率为 63%、10%、2%～3% 的多遇地震、设防烈度地震、罕遇地震。当确定结构的设防烈度后，相对应的多遇地震烈度和罕遇地震烈度也可以确定，以上三水准的设计准则见表6.4。

表6.4 抗震三水准设计准则

设计地震分级	与设防烈度的关系	抗震性能要求
小震 I^L（多遇地震）	低1.55度	基本完好
中震 I^D（偶遇地震）	设防烈度	中等破坏
大震 I^U（罕遇地震）	约高1度	严重破坏

根据表6.4，P_{fs}、P_{fm}、P_{fl} 的具体计算公式为

$$P_{fs} = 0.63P_{fs,s} + 0.1P_{fs,m} + 0.025P_{fs,l} \tag{6.36}$$

$$P_{fm} = 0.63P_{fm,s} + 0.1P_{fm,m} + 0.025P_{fm,l} \tag{6.37}$$

$$P_{fl} = 0.63P_{fl,s} + 0.1P_{fl,m} + 0.025P_{fl,l} \tag{6.38}$$

式中，$P_{fs,s}$、$P_{fs,m}$、$P_{fs,l}$ 分别为小震、中震、大震作用下结构基本完好的概率；$P_{fm,s}$、$P_{fm,m}$、$P_{fm,l}$ 分别为小震、中震、大震作用下结构中等破坏的概率；$P_{fl,s}$、$P_{fl,m}$、$P_{fl,l}$ 分别为小震、中震、大震作用下结构严重破坏的概率。

参照文献［9］的优化思路，在对钢框架结构进行优化时，把型钢的截面面积作为设计变量。在编制优化程序时提前把型钢规格表存入程序中，那么根据型钢的截面面积便可快速地搜索到相应的型钢截面惯性矩 I^a，最终得到型钢构件的抗弯刚度 E^aI^a 和抗剪刚度 E^aA^a。由此可以得到建立在役钢框架结构层间模型和杆件模型所需的质量矩阵和刚度矩阵，进而对框架结构进行动力分析以及内力、变形和可靠度的计算，最终通过可靠度分析模块的计算获得 P_{fs}、P_{fm}、P_{fl}。

将结构破坏程度划分为基本完好、中等破坏及严重破坏三个等级。根据我国实际情况可以得到钢框架结构不同破坏等级引起的直接损失值，如表6.5所示。

表6.5 钢框架结构破坏等级与损伤值的关系

性能水平	基本完好	中等破坏	严重破坏
直接损失	$0.02C_0$	$0.3C_0$	$0.7C_0$

注：C_0 为初始造价。

6.2.3.3 约束条件

（1）框架柱承载能力及稳定性约束

① 柱（拉弯构件或压弯构件）的强度约束为

$$\frac{N_{ij,c}}{A_{ij,c}} \pm \frac{M_{ij,cx}}{\gamma_x W_{ij,cx}} \pm \frac{M_{ij,cy}}{\gamma_y W_{ij,cy}} \leqslant \frac{f}{\gamma_{RE}} \tag{6.39}$$

式中，f 为钢材的抗拉、抗压和抗弯强度设计值（由于本书所采用钢材的牌号为 Q235 钢，所以 f 的取值情况如下：当钢材厚度 $\leqslant 16$mm 时，$f=215$MPa，当钢材厚度为 $16 \sim 40$mm 时，$f=205$MPa，在优化设计之前，可以根据结构的设计条件，初步确定型钢钢材厚度范围）；$N_{ij,c}$ 为第 i 层第 j 根柱轴心压力或轴心拉力；γ_{RE} 为承载力抗震调整系数，验算构件强度时，取值为 0.75，验算稳定性时，取值为 0.8；γ_x、γ_y 为与截面模量相应的截面塑性发展系数，取值分别为 1.05、1.2；$M_{ij,cx}$、$M_{ij,cy}$ 为偏心荷载作用下所计算第 i 层第 j 根柱段范围内的最大弯矩；$W_{ij,cx}$、$W_{ij,cy}$ 为第 i 层第 j 根框架柱截面模量。

② 柱（拉弯构件或压弯构件）的稳定性约束。弯矩作用平面内的稳定性为

$$\frac{N_{ij,c}}{\varphi_x A_{ij,c}} + \frac{\beta_{mx} M_{ij,cx}}{\gamma_x W_{ij,cx}\left(1 - 0.8 \dfrac{N_{ij,c}}{N'_{Ex}}\right)} \leqslant \frac{f}{\gamma_{RE}} \tag{6.40}$$

式中，φ_x 为轴心受压构件的稳定系数（应根据构件的长细比、钢材屈服强度以及构件的截面分类进行确定，钢材屈服强度和构件的截面分类可以根据已知条件直接确定，而构件的长细比需要已知截面的具体尺寸，在此优化步骤里面无法确定，所以假设 $\varphi_x=1$，此做法是将约束条件放松，优化解区域放大，不影响优化结果）；N'_{Ex} 为参数，$N'_{Ex} = \pi^2 E A_{ij,c}/(1.1\lambda^2_{ij,x})$，$\lambda_{ij,x}$ 为长细比，E 为钢材弹性模量，其值取为 206×10^3MPa；β_{mx} 为等效弯矩系数，在无横向荷载作用时 $\beta_{mx}=0.65+0.35M_2/M_1$，$M_1$ 和 M_2 为端弯矩，使构件产生同向曲率（有反弯点）时取同号，使构件产生反向曲率时取异号，$|M_1| \geqslant |M_2|$；其他参数的取值见式(6.39)。

弯矩作用平面外的稳定性为

$$\frac{N_{ij,c}}{\varphi_y A_{ij,c}} + \eta \frac{\beta_{tx} M_{ij,cx}}{\varphi_b W_{ij,cx}} \leqslant \frac{f}{\gamma_{RE}} \tag{6.41}$$

式中，$\varphi_y=1$；$\beta_{tx}=\beta_{mx}$；$\varphi_b = 1.07 - \dfrac{\lambda^2_y}{44000} \times \dfrac{f_y}{235}$，$f_y$ 为钢材的屈服强

度，本书取为 235。

③ 刚度约束要求为

$$\lambda_x < [\lambda] \tag{6.42}$$

④ 局部稳定性要求如下。

受压翼缘为

$$\frac{\dfrac{b_{ij,c}^{af} - t_{ij,c}^{w}}{2}}{t_{ij,c}^{af}} \leqslant 13\sqrt{\frac{235}{f_y}} \tag{6.43}$$

受压腹板为

$$\frac{h_{ij,c}^{w}}{t_{ij,c}^{w}} \leqslant (1.6\alpha_0 + 0.5\lambda + 25)\sqrt{\frac{235}{f_y}} \ (0 \leqslant \alpha_0 \leqslant 1.6) \tag{6.44}$$

$$\frac{h_{ij,c}^{w}}{t_{ij,c}^{w}} \leqslant (48\alpha_0 + 0.5\lambda - 26.2)\sqrt{\frac{235}{f_y}} \ (1.6 \leqslant \alpha_0 \leqslant 2.0) \tag{6.45}$$

（2）框架梁承载能力及稳定性要求

① 框架梁抗弯强度约束要求为

$$\frac{M_{ij,bx}}{\gamma_x W_{ij,bx}} + \frac{M_{ij,by}}{\gamma_y W_{ij,by}} \leqslant \frac{f}{\gamma_{RE}} \tag{6.46}$$

式中，$W_{ij,bx}$、$W_{ij,by}$ 为第 i 层第 j 根框架梁相对应主轴 x、y 的截面模量。

② 框架梁抗剪强度约束要求为

$$\frac{V_{ij,b} S_{ij,b}}{I_{ij,b} t_{ij,b}^{w}} \leqslant f_v \tag{6.47}$$

式中，$V_{ij,b}$ 为框架梁计算截面沿腹板平面作用的剪力；$S_{ij,b}$ 为计算剪应力处以上截面对中和轴的面积矩。

③ 框架梁整体稳定性约束要求。跨中无侧向支撑点的梁，且荷载作用于上翼缘时

$$\frac{\dfrac{b_{ij,b}^{af} - t_{ij,b}^{w}}{2}}{t_{ij,b}^{af}} \leqslant 13\sqrt{\frac{235}{f_y}} \tag{6.48}$$

④ 局部稳定性约束要求为

$$\frac{h_{ij,c}^{w}}{t_{ij,c}^{w}} \leqslant 80\sqrt{\frac{235}{f_y}} \tag{6.49}$$

（3）小震、中震及大震下性能要求　$\Delta s_i \leqslant [\Delta s]$、$\Delta m_i \leqslant [\Delta m]$、$\Delta l_i \leqslant [\Delta l]$。其中 Δs_i、Δm_i、Δl_i 分别为按设计变量标准值计算得到的钢框架结

构在小震、中震、大震下各层层间位移角的标准值；$[\Delta s]$、$[\Delta m]$、$[\Delta l]$ 分别为在役钢框架结构在小震、中震、大震下的层间位移角限值，见表 6.1。

（4）"强柱弱梁"概念设计要求

$$EI_{ij,c} \geqslant 1.4EI_{ij,b} \tag{6.50}$$

（5）可靠度要求

$$P_f[g_1(x) \leqslant 0] = P_f[f_y - \sigma_s(x) \leqslant 0] \leqslant [P_{fe}] \tag{6.51}$$

$$P_f[g_2(x) \leqslant 0] = P_f[[\theta_s]h - \Delta u_s(x) \leqslant 0] \leqslant [P_{f\theta}] \tag{6.52}$$

$$P_f[g_3(x) \leqslant 0] = P_f[D_s - D(x) \leqslant 0] \leqslant [P_{fs}] \tag{6.53}$$

$$P_f[g_4(x) \leqslant 0] = P_f[D_m - D(x) \leqslant 0] \leqslant [P_{fm}] \tag{6.54}$$

$$P_f[g_5(x) \leqslant 0] = P_f[D_l - D(x) \leqslant 0] \leqslant [P_{fl}] \tag{6.55}$$

（6）构造要求

① 框架梁、柱型钢钢板宽厚比要求：详见文献 [20] 中第 4.3.4 条的规定。

② 基于型钢板件的可焊性和施工稳定性的要求：$t_{ij,b}^w \geqslant 6mm$，$t_{ij,c}^w \geqslant 6mm$，$t_{ij,b}^{af} \geqslant 6mm$，$t_{ij,c}^{af} \geqslant 6mm$。

上文中没有做解释的字母的含义详见参考文献 [18]～[20]。

6.3　优化实现

采用 Visual Studio2010 对上述优化过程进行程序设计。

6.3.1　软件运行环境

（1）软件运行　本软件运行在计算机及其兼容机上，使用 Windows 7 操作系统，软件无需安装，直接点击相应图标，就可以显示出软件的主菜单，进行需要的软件操作。

（2）软件配置　本软件要求在计算机及其兼容机上运行，要求奔腾 4 以上 CPU，1G 以上内存，10G 以上硬盘。软件需要有 Windows 7 操作系统环境。

6.3.2　结构化程序设计

现在的程序语言，都可以算是"结构化"程序语言。结构化程序的特点在于"层次分明"，检查程序代码时，可以把它们分成不同的程序模块。

结构化的程序代码，可以做出"层次的分析"。在没有遇到循环、流程控制时，程序代码都属于同一个层次：进入循环、流程控制时，程序代码则会归类成为下一个层次。相同层次的程序代码，可以把它们视为相同的程序模块。

同一个模块的程序代码，执行顺序都是由上而下，一行行地来进行。遇到循环时，也是以模块为单位重复执行程序代码。编写程序时，把不同层次的程序模块做不同的画面处理。例如每多一个层次，就多使用两个空格来向后错位，该习惯可以提高程序代码的可读性，结构化的意义，就在于程序代码是由井然有序的模块结构所创建起来的。

面向对象主要做程序代码封装操作。封装后的程序代码，使用时比较安全。主要有两方面的工作。

（1）数据封装　数据经过封装后可以分成两种：一种是可以直接让大家使用的数据；另一种是只能在内部使用的数据。函数也可以用于做封装，分成公开使用和内部使用的函数。

（2）程序代码重复使用　重复使用程序代码最简单的方式，就是使用函数。面向对象提供另外一种思考方式来重复使用程序代码。

6.3.3　软件总体模块结构及系统模块

软件总体模块结构共分为四个部分，主要包括主程序模块、遗传算法优化模块、权重系数选择模块和判断是否符合目标函数模块。

（1）主程序模块　包含菜单项，通过菜单项来调用其他模块。

（2）遗传算法优化模块　通过遗传算法优化设计变量，使其达到最优。

（3）权重系数选择模块　选择不同的权重系数，使得构件的正截面抗弯承载力的造价均得到最大的优化。

（4）判断是否符合目标函数模块　使得得到的最优结构符合目标函数。

系统模块调用关系如图6.3所示。

图6.3　系统模块调用关系

6.4　优化算例

优化算例的结构设计参数详见第2章中2.3.5.1小节，结构使用年限为 50a。按照国际标准化组织 ISO 12944-2 对腐蚀环境的分类，认为钢框架结构所处的环境的腐蚀类别为 C3 中，C3 中的定义详见表 2.8。在计算结构的损伤值时，与第 2 章采用相同的钢材起锈时间以及锈蚀速率。

材料价格：为了方便总费用的计算，本书按照市场价格将以下材料的单价调整为型钢单价为 4 元/kg。

用 Visual Studio 2010 软件对图 2.12 所示框架进行优化，得到不同权值系数下钢框架结构的优化结果，如表 6.6 及图 6.4 所示。

表 6.6　不同权值系数下钢框架结构的优化结果

优化项目	权值系数						优化前
	$\alpha_1 = 0.0$ $\alpha_2 = 1.0$	$\alpha_1 = 0.2$ $\alpha_2 = 0.8$	$\alpha_1 = 0.4$ $\alpha_2 = 0.6$	$\alpha_1 = 0.6$ $\alpha_2 = 0.4$	$\alpha_1 = 0.8$ $\alpha_2 = 0.2$	$\alpha_1 = 1.0$ $\alpha_2 = 0.0$	
初始造价/万元	6.5751	6.0313	5.4132	4.89879	4.31648	4.2651	6.8957
损失期望/万元	0.30526	0.37221	0.46725	0.58132	0.91274	1.3517	0.14778
总费用/万元	6.88036	6.40351	5.88045	5.48011	5.22922	5.61683	7.04348

分析图 6.4 所得优化结果可知，随着权值系数 α_1 的增加，优化所得的结构总费用先降低后增加。当 α_1 的取值为 0.8，即 α_2 的取值为 0.2 时，优化后结构的总费用最低，因此本书取 $\alpha_1 = 0.8$，$\alpha_2 = 0.2$，优化后梁、柱的截面尺寸见表 6.7。

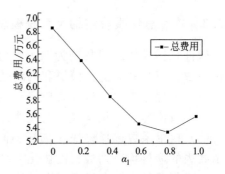

图 6.4　总费用与权值系数 α_1 之间的关系

表 6.7　优化结果与传统设计结果的比较　　　　　单位：mm

变量	现行规范设计值			优化尺寸				
	梁	中柱	边柱	梁	中柱		边柱	
				1~5 层	1~3 层	4~5 层	1~3 层	4~5 层
b_{af}	300	400	350	275	365	332	313	283
t_{af}	20	21	19	18	18	14	15	13
h_w	548	358	312	524	329	295	283	257
t_w	12	13	12	10	10	8	9	8

注：b_{af}、t_{af}、h_w、t_w 分别代表型钢翼缘宽度、翼缘厚度、腹板高度、腹板厚度。表中优化尺寸值是按照四舍五入原则人为取整。

对比优化前与优化后总费用可知，结构的全寿命总费用经过优化后下降了 25.76%，结构的初始造价在优化之后下降了 37.4%，但结构的失效损失期望经过优化后仅从初始造价的 2.14% 增加到初始造价的 20.9%，可见采用本书所述的优化方法进行优化计算，既能获得很好的经济效益，又能在一定程度上保障结构的性能，使结构设计在经济性和安全性之间取得平衡。

6.5 本章小结

① 介绍了基于投资-效益准则的框架结构抗震优化设计模型，引入加权系数，调整结构初始造价和损失期望在目标函数中的相对重要性，并将改进的抗震优化设计模型应用到钢框架结构优化设计当中。

② 将损伤可靠度分析理论应用到钢框架结构全寿命抗震优化设计中。利用钢框架结构时变地震损伤模型计算结构整体损伤，用于评价结构是否可靠及计算结构在各性能状态下的失效概率。

③ 利用 Visual Studio2010 软件对优化方法进行验证，结果显示：结构总费用随迭代次数的增加而降低，并最终收敛于最优费用。

参考文献

[1] 宁红超.带梁式转换层高层建筑抗震优化设计 [D].大连：大连理工大学，2007.

[2] 李刚，程耿东.基于性能的结构抗震设计——理论、方法与应用 [M].北京：科学出版社，2004.

[3] Ang H S, Lee J C. Cost optimal design of R/C buildings [J]. Reliability Engineering and System Safety，2001，73：233-238.

[4] 周利剑.立式钢制储罐基于损伤性能的抗提离研究 [D].大庆：大庆石油学院，2003.

[5] 张国彬.基于两次 POA 的钢筋混凝土框架整体损伤分析模型 [D].重庆：重庆大学，2003.

[6] 欧进萍，何政，等.钢筋混凝土结构基于地震损伤性能的设计 [J].地震工程与工程振动，1999，19 (1)：21-29.

[7] 胡晓琦.钢框架结构地震损伤可靠度分析与抗震性能设计研究 [D].哈尔滨：哈尔滨工业大学，2005.

[8] 王光远.工程结构与系统抗震优化设计的实用方法 [M].北京：中国建筑工业出版社，1999.

[9] 何伟.基于性能的 SRHPC 框架结构全寿命总费用优化方法研究 [D].西安：西安建筑科技大学，2013.

［10］　王光远.结构软设计理论初探［M］.哈尔滨：哈尔滨建筑工程学院出版社，1987.

［11］　GB 50068—2001.建筑结构可靠度设计统一标准［S］.北京：中国建筑工业出版社，2001.

［12］　王光远，等.抗震结构的最优设防烈度与可靠度［M］.北京：科学出版社，1999.

［13］　张明.结构可靠度分析——方法与程序［M］.北京：科学出版社，2009.

［14］　GB 50011—2010.建筑抗震设计规范（2016 年版）［S］.北京：中国建筑工业出版社，2016.

［15］　建设部抗震办公室.建（构）筑地震破坏等级划分［M］.北京：地震出版社，1991.

［16］　高小旺，等.工程抗震设防标准的若干问题［C］//城市与工程减灾基础研究论文集.北京：中国科学技术出版社，1996.

［17］　高小旺，等.不同重要性建筑抗震设防标准的讨论［C］//城市与工程减灾基础研究论文集.北京：中国科技出版社，1997.

［18］　GB 50017—2017.钢结构设计标准［S］.北京：中国建筑工业出版社，2018.

［19］　赵顺波.钢结构设计原理［M］.郑州：郑州大学出版社，2007.

［20］　JGJ 138—2001.型钢混凝土组合技术规程［S］.北京：中国建筑工业出版社，2001.

［21］　Chan C M，Zou X K. Elastic and inelastic drift performance optimization for reinforced concrete buildings under earthquake loads［J］. Earthquake Eng. Struct. Dyn.，2004，33，929-950.

［22］　Ringertz U T. On methods for discrete structural optimization［J］. Eng. Opt.，1988，13（1）：47-64.

［23］　Royset J O，Kiureghian A D，Polak E. Reliability-based optimal design of series structural systems ［J］. Journal of Engineering Mechanics，2001，127（6）：607-614.

［24］　陶清林，郑山锁，等.型钢混凝土柱多目标优化设计方法研究［J］.工业建筑，2010，11（40）：126-130.

［25］　龚纯，王正林.精通 MATLAB 最优化计算［M］.北京：电子工业出版社，2012.

第7章 钢结构梁柱节点抗震优化设计

钢结构梁柱连接节点是保证梁和柱连接的关键部件，也是结构的关键部位，其性能直接影响结构的刚度、稳定性及承载能力。在地震作用下，钢结构建筑的破坏大部分表现为梁柱节点处发生脆性破坏。为了提高钢结构的抗震性能，有必要对钢结构梁柱节点进行抗震优化，设计抗震性能更好的节点。

7.1 钢结构梁柱节点受力特性及破坏机理

钢结构节点的常规设计方法中由翼缘板承受全部作用弯矩，梁腹板只承受全部剪力的假定。但实际情况是，在常用的工字形截面梁中，当处于弹性阶段时，通常翼缘承受全截面抗弯承载力的 $80\%\sim85\%$，腹板承受全截面抗弯承载力的 $15\%\sim20\%$。如果腹板连接不考虑这 $15\%\sim20\%$ 的弯矩，则其连接的抗弯承载力就只有框架横梁抗弯承载力的 $80\%\sim85\%$。此外，节点受力还容易忽视竖向加速度的影响。例如，北岭地震前结构设计中一般只考虑地震的水平加速度，而忽视竖向加速度的影响，但竖向加速度对水平地震荷载有放大作用，使结构处于更不利的状态下。

北岭地震之前，美国的焊接梁柱节点是按美国统一的建筑标准（UBC）设计制造的。震后调查发现，钢结构的破坏方式主要发生在节点梁翼缘与柱翼缘的连接处，底梁翼缘板明显多于顶梁翼缘板，裂纹向柱一侧扩展。阪神地震中，由于日本的柱多采用箱形柱加横隔板的模式，其裂纹主要向梁一侧扩展，破坏模式包括翼缘断裂、热影响区断裂、横隔板断裂，并且连接破坏发生时，梁翼缘已有显著屈服或/和局部屈服现象。

7.2 钢结构梁柱节点抗震优化设计

国内外钢结构节点抗震性能研究表明：①节点应具有足够的承载力，保证与节点相连的构件（主要指梁）可以发展充分的塑性；②节点承载力要求并不意味着节点必须始终保持弹性，可以利用节点的非线性变形能力和塑形耗能能力协助结构抗震；③节点域剪切塑性化模式可以提供较为稳定和可预期的耗能能力，是节点耗能的"优化模式"之一，但不意味其他耗能模式的不可利用；④为了保证良好的节点耗能能力，应当避免断裂破坏的早期发生，为此发展了多种推迟或防止焊缝破坏的连接形式和构造措施。

7.2.1 节点域计算方法

节点域在大震作用下进入全塑性状态，所受剪力较大，框架吸收的能量很大部分由节点域承担，国内外相关研究表明，节点域大约能够耗散钢框架结构所耗总能量的 1/3。节点域中心剪应力最大，首先发生屈服，随着荷载的增加，屈服范围逐渐向四周扩散，但计算时取平均剪应力。节点域的内力-变形关系对框架的整体受力情况影响较大，若节点域太厚，在大震作用下将处于弹性，失去耗能能力；若节点域太薄，将会明显增大框架的层间位移角，故《建筑抗震设计规范》（GB 50011—2010）规定：计算层间位移时，应考虑节点域变形的影响。

《钢结构设计标准》（GB 50017—2017）规定节点域的抗剪强度按式（7.1）计算。

$$\tau = \frac{M_{b1} + M_{b2}}{V_p} \leqslant \frac{4}{3} f_v \tag{7.1}$$

式中，M_{b1}、M_{b2} 分别为左、右梁端的弯矩；τ 为节点域腹板截面上的剪应力；V_p 为节点域腹板的体积，柱为工字形截面时，$V_p = h_b h_c t_w$，柱为箱形截面时，$V_p = 1.8 h_b h_c t_w$，h_b、h_c 分别为梁腹板、柱腹板的高度；f_v 为钢材的抗剪强度设计值。

抗震设计的结构节点域的承载力尚应符合式(7.2)的要求。

$$\tau = \frac{\alpha(M_{pb1} + M_{pb2})}{V_p} \leqslant \frac{4}{3} \times \frac{f_v}{\gamma_{RE}} \qquad (7.2)$$

式中，α 按 7 度抗震设防的结构可取为 0.6，按 8 度、9 度抗震设防的结构可取 0.7；M_{pb1}、M_{pb2} 分别为左、右梁端截面的全塑性抗弯承载力；γ_{RE} 为抗震承载力调整系数，可取 0.85。

当节点域不满足上述要求时，对 H 形或工字形组合柱宜将柱腹板在节点域加厚。腹板加厚的范围应伸出梁上、下翼缘外不小于 150mm。对轧制 H 型钢或工字形钢柱，亦可贴焊补强板加强。补强板上、下边可不伸过柱腹板的横向加劲肋或伸过加劲肋之外各 150mm。当补强板伸过加劲肋时，加劲肋仅与补强板焊接，此焊缝应能将加劲肋传来的剪力全部传给补强板，补强板的厚度及其连接强度应按所承受的力进行设计。补强板侧边应用角焊缝与柱翼缘相连，其板面尚应采用塞焊与柱腹板连成整体。

7.2.2　节点域的宽厚比限值

节点域的几何尺寸如图 7.1 所示，其抗剪性能可采用正则化宽厚比 λ_s 来定义。

$$\lambda_s = \sqrt{\frac{f_{yv}}{\tau_{cr}}} \qquad (7.3)$$

式中，τ_{cr} 为节点域临界抗剪应力；f_{yv} 为钢材的剪切屈服强度。

根据弹性稳定理论，四边均匀受剪板的弹性临界应力可用式(7.4)表达。

$$\tau_{cr} = k_s \frac{\pi^2 E}{(1 - \upsilon^2)} \left(\frac{t_w}{h_{c0}} \right)^2 \qquad (7.4)$$

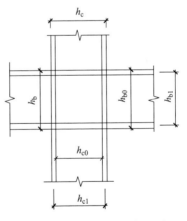

图 7.1　节点域的几何尺寸

式中，E、υ 分别为钢材的弹性模量和泊松比；h_{c0}、t_w 分别为节点域柱腹板的宽度和厚度；k_s 为屈服系数。

令节点域腹板高度与腹板宽度的比值 $\alpha = h_{b0}/h_{c0}$，其中 h_{b0} 为节点域梁腹板宽度，则对于四边简支板，屈曲系数为

$$k_s = 4 + \frac{5.34}{\alpha^2} \ (\alpha \leqslant 1.0) \qquad (7.5)$$

$$k_s = 5.34 + \frac{4}{\alpha^2} (\alpha > 1.0) \tag{7.6}$$

因此由 $\lambda_s = \sqrt{\dfrac{f_y}{\sqrt{3}} \times \dfrac{1}{\tau_{cr}}} = \dfrac{h_{c0}}{t_w} \sqrt{\dfrac{f_y}{\sqrt{3}} \times \dfrac{1}{k_s} \times \dfrac{12 \times (1 - 0.3^2)}{\pi^2 \times 206000}} = \dfrac{1}{568} \times \dfrac{h_{c0}}{t_w} \sqrt{\dfrac{f_y}{k_s}}$

可得

$$\lambda_s = \frac{\dfrac{h_{c0}}{t_w}}{37 \sqrt{k_s} \sqrt{\dfrac{235}{f_y}}} \tag{7.7}$$

对于理想弹塑性假设的钢材，当 $\tau_{cr} \geqslant f_{yv}$，即 $\lambda_s \leqslant 1$ 时，节点域在屈曲之前已发生屈服，故此时的几何宽厚比为

$$\frac{h_{c0}}{t_w} \leqslant 37 \sqrt{k_s} \sqrt{\frac{235}{f_y}} \tag{7.8}$$

对于一般的钢材，当应力超过比例极限后，屈服与屈曲之间就相互作用。理论上，应力达到屈服强度时，钢材的瞬时切线模量 $E_t = 0$；根据相关试验研究表明，可取应力充分接近屈服强度时的瞬时切线模量为 $E_t = 0.03E$，即塑形因子 $\sqrt{\eta} = \sqrt{E_t/E} = 0.17$，此时以 $\sqrt{\eta}E$ 代替 E，可得节点域非弹性范围内的临界抗剪屈曲应力为 $\sqrt{\eta}\tau_{cr}$。若 $\sqrt{\eta}\tau_{cr} = 0.17\tau_{cr} \geqslant f_{yv}$，节点域腹板就不会发生非弹性屈曲，相应的正则化宽度比为 $\lambda_s \leqslant \sqrt{0.17} = 0.4$，则相应的几何宽厚比为

$$\frac{h_{c0}}{t_w} \leqslant 14.8 \sqrt{k_s} \sqrt{\frac{235}{f_y}} \tag{7.9}$$

7.2.3 钢结构梁柱节点抗震构造措施

目前，确保节点抗震性能的构造措施主要有：将塑性铰位置外移，如设置节点加强构件、梁截面削弱；在节点处设置额外的耗能构件，如设置耗能阻尼器、记忆合金等。

7.2.3.1 加强型节点

加强型节点是指通过构造措施对梁柱节点处进行加强，迫使塑性铰在

距离梁柱节点一段位置的梁上出现，达到塑性铰外移保护节点的目的。加强型节点主要类型如下。

（1）板式加强型节点 板式加强型节点包括翼缘板加强型节点与盖板加强型节点，如图 7.2 所示，这两种连接节点均是在梁翼缘的外侧增设加强板，即增加了梁的截面高度、梁端截面惯性矩、梁端截面刚度。由于梁截面高度与惯性矩之间是三次方关系，加强板厚度的少许增大将导致梁端截面惯性矩与刚度的大幅增大，可以有效提高节点的抗震性能，这也是美国 FEMA350 推荐的使塑性铰外移的一种梁柱节点连接形式。

翼缘板式加强型节点连接中的梁翼缘与柱翼缘不直接连接，而是通过加强板进行过渡［图 7.2 （a）、（c）］，加强板宽度要比梁翼缘宽，钢柱需采用宽翼缘；而盖板式加强型节点连接中的梁翼缘与盖板采用同一个坡口一起与柱翼缘焊接［图 7.2 （b）、（d）］，上盖板比梁翼缘略窄，钢柱可以采用中翼缘甚至窄翼缘。但由于盖板与梁翼缘宽度不同，在采用同一坡口与柱翼缘焊接时，沿翼缘宽度方向上的焊缝高度会变化，易成为缺陷。

（2）加腋连接节点和扩翼式连接节点 节点加强型连接除板式加强型连接外，还有加腋连接［图 7.3 （a）］和扩翼式连接［图 7.3 （b）］。加腋连接节点的缺点有：①当加腋与柱翼缘通过螺栓连接时，需要用大且强度高的螺栓，以保证连接为刚性连接，造价相对较高；②加腋的构造做法在一定程度上降低了空间利用率。采用扩翼式连接节点可以有效减小梁柱对接焊缝的应力集中和塑形应变。在低周循环荷载作用下，节点在远离柱翼缘的梁截面上形成塑性铰，有效地改善了梁柱连接的节点性能，但扩翼式节点会受到柱翼缘宽度的限制，而且其制造工艺复杂，浪费材料。

7.2.3.2 削弱型节点

削弱型节点是在距离梁端一定距离处将梁的截面进行削弱，迫使塑性铰的位置离开受力比较复杂且脆弱的焊缝处而出现在梁上，从而使节点的破坏形式为延性破坏，以达到改善连接性能的目的。这类连接形式常见的有梁腹板开孔型连接节点、梁腹板切缝型连接节点以及梁翼缘削弱型连接节点。

（1）梁腹板开孔型连接节点 梁腹板开孔型连接节点是在梁腹板上靠近柱翼缘的位置处开孔的一种节点形式，如图 7.4 所示。通过调整开孔位

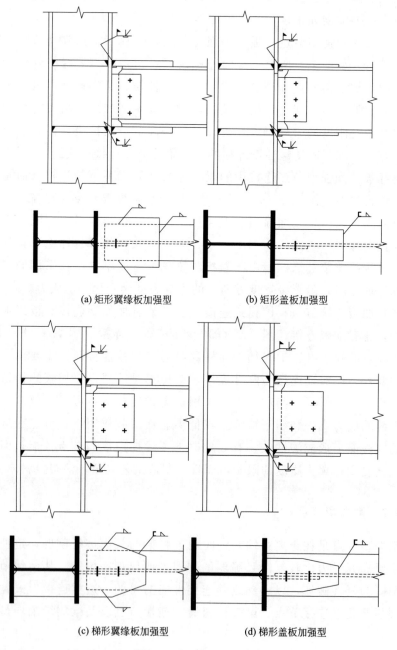

(a) 矩形翼缘板加强型　　　　　　(b) 矩形盖板加强型

(c) 梯形翼缘板加强型　　　　　　(d) 梯形盖板加强型

图 7.2　板式加强型节点

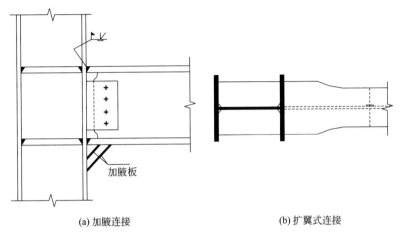

(a) 加腋连接　　　　　　　　　　　　　　(b) 扩翼式连接

图 7.3 梁翼缘加强型梁柱延性节点

置及直径大小来控制梁端塑性铰的形成位置，使梁在地震作用下先于节点处破坏，起到保护梁柱节点的作用。腹板开孔型连接节点应用于房屋建筑体系时，如果梁腹板的开孔位置及大小设置合理，水、暖、电管线均可从梁腹板中穿过，可有效增加建筑的空间利用率，但此种节点对结构承载力的削弱也是比较明显的。

（2）梁腹板切缝型连接节点　梁腹板切缝型连接节点的具体做法是在梁腹板离柱翼缘一定距离的区域沿梁翼缘方向切两条裂缝，如图 7.5 所示。此节点可以避免梁翼缘应力分布不均匀现象，同时使塑性铰偏离焊缝且出现在切缝的末端，并可有效地防止梁侧向扭转屈曲。

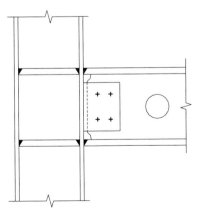

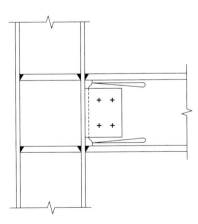

图 7.4 梁腹板开孔型连接节点　　　　图 7.5 梁腹板切缝型连接节点

（3）梁翼缘削弱型连接节点　梁翼缘削弱型梁柱连接节点的具体做法是在离柱翼缘一段距离的区域将梁的上、下翼缘进行削弱，最终达到塑性铰外移的目的。根据切割方式的不同，又可以分为直线削弱式、锥形削弱式和圆弧削弱式三种形式（图 7.6）。此种连接节点的优点是构造简单，受力明确，同时能在梁翼缘削弱的位置产生很大的塑性铰，有良好的延性；缺点是由于梁翼缘的削弱，梁的刚度有所降低，牺牲了节点的承载力，而且对加工精度要求比较高。

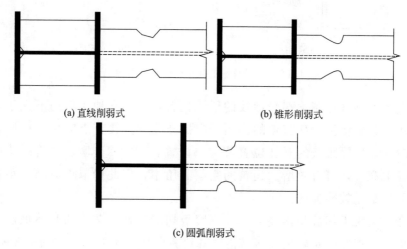

(a) 直线削弱式　　　　　　　　　　　　(b) 锥形削弱式

(c) 圆弧削弱式

图 7.6　梁翼缘削弱型连接节点

7.2.3.3　转动型耗能节点

梁柱节点需要较大的塑性转动能力，以避免节点脆性破坏并保证结构整体性，在节点处安装转动型阻尼器或直接通过节点安装耗能元件形成转动耗能节点可以实现这一目标。

（1）摩擦耗能转动型节点

① 滑动铰接节点。Clifton 等提出的滑动铰接节点（Sliding Hinge Joint，SHJ）是一种低损伤连接方式，可以以较小的破坏来承受较大的非弹性转动。滑动铰接连接如图 7.7 所示。

② 长圆孔转动型高强度螺栓连接节点。马人乐等提出了一种钢结构长圆孔转动型高强度螺栓连接延性节点，分别如图 7.8 和图 7.9 所示，包括

柱、梁上下翼缘板、梁腹板、梁上下翼缘拼接板、腹板拼接板和若干摩擦型高强度螺栓。试验结果表明，这种节点的延性好于传统栓焊节点。

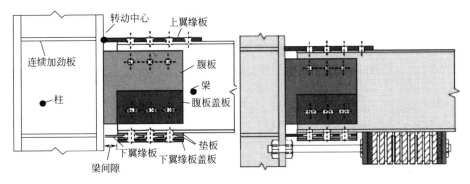

图 7.7　滑动铰接连接

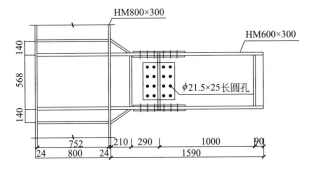

图 7.8　长圆孔转动型高强度螺栓连接（单位：mm）

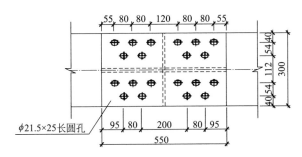

图 7.9　翼缘连接示意（单位：mm）

（2）金属耗能转动型节点

① π 形金属阻尼器耗能节点。Koetakay 等提出了一种用于梁柱弱轴方

向的连接的 π 形金属阻尼器，该节点构造如图 7.10 所示，宽缘梁和宽缘柱通过连续板连接，梁上翼缘通过拼接板连接，梁下翼缘通过 π 形金属阻尼器连接。设计时应当考虑 π 形阻尼器的撬力问题，防止摩擦型连接处的滑移，提高耗能效率。在下翼缘上、下均安装阻尼器可以提高耗能能力并且可以自平衡掉阻尼器的撬力，防止连续板和梁翼缘的面外变形。

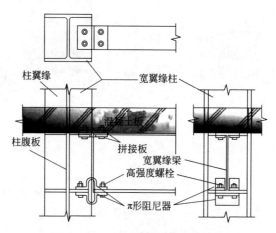

图 7.10　π 形金属阻尼器耗能节点

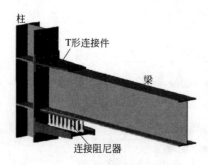

图 7.11　开缝金属阻尼器耗能节点

② 开缝金属阻尼器耗能节点。Kökena 等提出了带开缝金属阻尼器的梁柱节点，如图 7.11 所示。该开缝阻尼器的塑性变形能力有限，同时梁下翼缘和柱子之间仅靠开缝金属阻尼器的平面外刚度保证梁的整体稳定性，这对于梁的整体稳定是很不利的。

（3）自复位功能转动型耗能节点

为了避免地震作用下的破坏和永久侧移，Ricles 等提出了一种自复位功能（Post-Tensioned，PT）节点，这种节点能够利用预应力实现自我复位。节点主要由 3 部分组成：结构单元（梁、柱）、单元（高强钢绞线）和耗能元件（角钢）。通过耗能元件开始发挥耗能作用，震后梁柱单元不发生损坏，只需替换发生塑性变形的耗能元件即可。但楼板和多柱的约束对梁柱截面的张开可能会产生约束作用，影响自复位节点的耗能效果。

7.3　本章小结

① 焊接梁柱节点在地震作用下容易发生断裂，因此导致钢结构的整体破坏。

② 从节点域计算、宽厚比限值和抗震构造措施三个方面优化钢结构节点的抗震性能，钢结构梁柱节点的主要优化设计形式有：加强型节点、削弱型节点及转动型耗能节点。

参考文献

[1]　GB 50011—2010.建筑抗震设计规范（2016 年版）[S]. 北京：中国建筑工业出版社，2016.

[2]　GB 50017—2017. 钢结构设计标准 [S]. 北京：中国建筑工业出版社，2018.

[3]　苏洁，阚博.钢结构梁柱节点抗震技术综述 [J]. 河南科技，2018（3）：108-110.

[4]　陆建锋.高强度钢材框架梁柱节点抗震性能试验研究 [D]. 南京：东南大学，2015.

[5]　陈以一，王伟，赵宪忠.钢结构体系中节点耗能能力研究进展与关键技术 [J]. 建筑结构学报，2010，31（6）：81-88.

[6]　王运成.梁端翼缘板式加强型节点有限元分析 [D]. 青岛：青岛理工大学，2010.

[7]　任艳然.梁端翼缘加强型节点域力学性能研究 [D]. 青岛：青岛理工大学，2010.

[8]　孙飞飞，侯玉芳，李承铭.转动型阻尼器及转动耗能节点研究现状 [J]. 建筑钢结构进展，2016，18（6）：1-11.

[9]　Clifton C. Semi-rigid joints for moment-resisting steel framed seismic-resisting systems [D]. Auck-land：University of Auckland，2005.

[10]　马人乐，杨阳，陈桥生，等.长圆孔变形性高强螺栓节点抗震性能试验研究 [J]. 建筑结构学报，2009，30（1）：101-106.

[11]　Koetaka Y，Chusilp P，Zhang Z，et al. Mechanical property of beam-to-column moment connection with hysteretic dampers for column weak axis [J]. Engineering Structures，2005，27（1）：109-117.

[12]　Köken A，Körolu M A. Experimental study on beam-to-column connections of steel frame structures with steel slit dampers [J]. Journal of Performance of Constructed Facilities，2015，29（2）：401-406.

[13]　Saffari H，Hedayat A A，Nejad M P. Post-Northridge connections with slit dampers to enhance strength and ductility [J]. Journal of Constructional Steel Research，2013，80：138-152.

[14]　Oh S，Kim Y，Ryu H. Seismic performance of steel structures with slit dampers [J]. Engineering Structures，2009，31（9）：1997-2008.

[15]　Garlock M M，Ricles J M，Sause R. Experimental studies of full-scale posttensioned steel connec-tions [J]. Journal of Structural Engineering，2005，131（3）：438-448.

第8章　钢结构损伤检测与加固

钢结构在其服役期间内必然受到环境侵蚀、材料老化和荷载的长期效应、疲劳效应及突变效应等灾害因素的共同作用，不可避免地出现结构系统的损伤累积和抗力衰减，从而导致抵抗自然灾害甚至正常环境作用的能力下降。尽管上述都是设计时能够预料到的结果，但却无法完全考虑所有因素的影响，从而无法推断结构内部应力的实时状况，也无法预知结构随服役龄期的增长在一定荷载作用下的反应。因此，为了保障结构的安全性、实用性与耐久性，已建成的钢结构建筑需要采取有效技术手段检测和评定其安全状况，并及时修复和控制结构损伤；而对于新建的钢结构建筑，吸取以往的经验和教训，在工程建设的同时安装长期的结构健康监测体系，以检测结构的服役安全情况，同时为研究结构服役期间的损伤演化提供有效和直接的试验数据。

8.1　钢结构损伤机理及危害

8.1.1　钢结构的稳定问题

钢材的强度远较混凝土、砌体及其他常见结构材料的强度高，在通常的建筑结构中按允许应力求得的钢结构构件所需的断面较小，因此，在多数情况下，钢结构构件的截面尺寸是由稳定性能控制的。钢结构构件的失稳分两类：丧失整体稳定性和丧失局部稳定性。两类失稳形式都将影响结构或构造的正常承载和使用或引发结构其他形式的破坏。

影响钢结构构件整体稳定性的主要原因如下。

① 构件整体稳定性不满足要求。影响构件整体稳定性的主要参数是长

细比，应注意截面两个主轴方向的计算长度可能有所不同，以及构件两端实际支承情况与计算支承间的区别。

② 构件的各类初始缺陷，包括初弯矩、初偏心、热轧和冷加工产生的残余应力和残余变形及其分布、焊接残余应力和残余变形等。在构件的稳定性分析中，各类初始缺陷对其极限承载力的影响比较显著。

③ 构件受力条件的改变，如超载、节点的破坏、温度的变化、基础的不均匀沉降、意外的冲击荷载、结构加固过程中计算简图的改变等，以上因素将引起受压构件应力增加，或使受拉构件转变为受压构件，从而导致构件整体失稳。

④ 施工临时支撑体系不够。在结构的安装过程中，由于结构并未完全形成一个满足设计要求的受力整体或其整体刚度较弱，因而需要设置一些临时支撑体系来维持结构或构件的整体稳定。

影响钢结构构件局部失稳的主要原因如下。

① 构件局部稳定性不满足要求，例如构件I字形、槽形截面翼缘的宽厚比和腹板的宽厚比大于限值时，易发生局部失稳现象。

② 局部受力部位加劲肋构造措施不合理。当构件的局部受力部位，如支座、较大集中荷载作用点处没有设支撑加劲肋时，使得外力直接传给较薄的腹板而产生局部失稳；构件运输单元的两端以及较长要件的中间如果没有设置横隔，易发生局部失稳。

③ 吊装时吊点位置选择不当。在吊装过程中，由于吊点位置选择不当，会使构件局部产生较大的压应力，从而导致局部失稳。

8.1.2　钢结构的疲劳破坏

钢结构在持续反复荷载作用下会发生疲劳破坏。在疲劳破坏之前，钢构件并不会出现明显的变形或局部的颈缩，因此钢结构的疲劳破坏是脆性破坏。

钢结构疲劳破坏的机理如下。钢材内部及其外表有杂质或损伤存在，在反复荷载的作用下，这些薄弱点附近会形成应力集中现象，使钢材在很小的区域内产生较大的应变，并产生裂纹，在反复荷载继续作用下，裂纹扩展，前裂口发展到一定程度，该截面上的应力超过钢材晶粒格间的结合力，于是发生脆断。

钢材断裂时，相应的最大应力称为钢材的疲劳强度。疲劳强度与荷载循环次数等因素有关，结构工程中是以 200 万次循环时产生疲劳断裂的最大应力作为疲劳极限。钢材的疲劳强度与钢材本身的强度关系不大，而与构件表面情况、焊缝表面情况、应力集中、残余应力、焊缝缺陷等因素有关。

8.1.3　钢结构的脆性破坏

钢结构的一个显著的优点是变形性能好，特别是当构件使用低碳钢时，由于低碳钢有明显的屈服台阶，因此钢结构的破坏有明显的预兆。但在一定条件下，钢材会发生脆性断裂，构成无先兆的突然破坏，这种破坏是建筑结构设计和使用中所不允许的，因此应特别予以注意。

钢结构脆性断裂的种类有：低温脆断、应力腐蚀、氢脆、疲劳破坏和断裂破坏等。造成脆断的原因除低温、腐蚀、反复荷载（例如地震）等外部因素外，钢材本身的缺陷、设计不合理及施工质量等是构成其脆断的内因。由于脆性破坏是突发的，没有明显预兆，因此发现问题时加固处理是比较困难的，主要采取预防措施，使其不产生脆性断裂。

8.1.4　钢结构火灾

钢材的力学性能对温度变化很敏感，如图 8.1 所示。当温度升高时，钢材的屈服强度 f_y、抗拉强度 f_u 和弹性模量 E 的总趋势是降低的，但在 200℃以下变化不大。当温度在 250℃左右时，钢材的抗拉强度 f_u 反而有较大提高，而塑性和冲击韧性下降，此现象称为蓝脆现象。当温度超过 300℃时，钢材的 f_y、f_u 和 E 开始显著下降，钢材产生

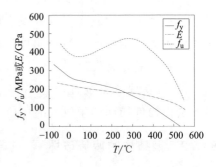

图 8.1　温度对钢材力学性能的影响

徐变；当温度超过 400℃时，强度和弹性模量急剧降低；达到 600℃，强度和弹性模量均接近于零，其承载力几乎完全丧失。从以上描述可以看出，钢材耐热不耐火。

当发生火灾时，热空气向构件传热主要是辐射、对流，而钢构件内部传热是热传导。随温度的不断升高，钢材的热物理特性和力学性能发生变化，钢结构的承载力下降。火灾下钢结构的最终失效是构件屈服或屈曲造成的。

钢结构在火灾中失效受到各种因素的影响，例如钢材的种类、规格、荷载水平、温度高低、升温速率、高温蠕变等。对于已建成的承重结构来说，火灾时钢结构的损伤程度还取决于室内温度和火灾持续时间，而火灾温度和作用时间又与此时室内可燃性材料的种类及数量、可燃性材料燃烧的特性、室内的通风情况、墙体及吊顶等的传热特性以及当时气候情况（季节、风的强度、风向等）等因素有关。火灾一般属于意外性的突发事件，一旦发生，现场较为混乱，扑救时间的长短也直接影响到钢结构的破坏程度。

8.1.5　钢结构腐蚀

钢材与外界介质相互作用而产生的损伤称为腐蚀，又可称为锈蚀。钢材腐蚀主要分为全面腐蚀和局部腐蚀两大类。

8.1.5.1　全面腐蚀

钢结构发生全面腐蚀，腐蚀电池的阴极区和阳极区面积非常小，而且其位置是在腐蚀过程中随机变化的。腐蚀分布于金属整个表面，腐蚀的结果是使金属变薄或体积减小，全面腐蚀速度均匀，容易进行预测和防护，如果设计合理并采取相应的防腐措施，不易发生严重的腐蚀事故。

8.1.5.2　局部腐蚀

钢结构发生局部腐蚀，腐蚀仅局限或集中在金属的某一特定部位。局部腐蚀时，阳极区和阴极区一般是截然分开的，其位置可用肉眼或微观检查方法加以辨别。局部腐蚀的常见类型有：点蚀、缝隙腐蚀、应力腐蚀开裂、电偶腐蚀、腐蚀疲劳、晶间腐蚀、磨损腐蚀等。下面选取几类典型钢结构局部腐蚀进行介绍。

（1）点蚀　钢结构表面的保护膜能抑制腐蚀的发生，但钢结构表面沉积的尘粒会吸收潮气形成电解质，由于水膜内部存在氧浓差，导致钢结构表面钝化膜破坏，钝化能力降低，发生点蚀。点蚀发生时，在活性点上会形成大大小小的孔眼，而且腐蚀会向金属内部发展，其腐蚀深度常常要大于孔径，因此即使很少的金属发生点蚀，也可能会引起钢结构性能的降低。

（2）缝隙腐蚀　金属与金属、金属与非金属相连接时，表面存在缝隙，在有腐蚀介质存在时会发生缝隙腐蚀。发生缝隙腐蚀最敏感的缝隙宽度一般在 $0.025\sim0.1mm$ 范围内，腐蚀介质进入缝隙内，由于缝隙内腐蚀介质浓度不一致产生浓差极化，缝隙内部氧浓度低于外部而成为阳极区，腐蚀集中于缝隙周围，随着腐蚀产物的累积和腐蚀介质的持续侵入，腐蚀会向纵深进一步发展。缝隙腐蚀的介质可以是酸性、中性、碱性等任何侵蚀性溶液，且当有氯离子存在于缝隙腐蚀介质中时，最容易产生缝隙腐蚀，如海洋环境下氯离子含量丰富，此时缝隙腐蚀对金属结构安全构成很大的威胁。

（3）应力腐蚀开裂　金属在应力和特定的腐蚀性环境的联合作用下，出现低于材料强度极限的脆性开裂现象，称为应力腐蚀开裂。应力腐蚀开裂的裂纹一般较深、较窄，裂纹的走向与所受应力的方向有关，通常裂纹与其应力方向垂直。由于应力腐蚀一般不产生明显的塑性变形，所以即使处于安全使用应力范围内，材料（钢丝、钢筋等）也发生脆性断裂，而此时一般表面腐蚀并不严重，腐蚀率一般在 30% 以下。由于这种应力腐蚀断裂事先没有明显的征兆，所以其造成的后果往往是灾难性的，如桥梁坍塌、管道泄漏、建筑物倒塌等，将带来巨大的经济损失和人员伤亡。

（4）电偶腐蚀（双金属腐蚀）　钢结构中的结构构件如果是由多种金属组合而成的，在电解质水膜下会形成腐蚀宏电池，加速其中负电位金属的腐蚀。湿度和电位差是影响电偶腐蚀的主要因素。在潮湿环境中更容易发生电偶腐蚀，湿度越大或大气中含盐分越多，电偶腐蚀越容易发生；在其他条件不变的情况下，不同金属之间的电位差（两种金属分别在电解质容易让中的实际电位）越大，腐蚀的可能性就越大。

8.2　损伤检测内容

结构在长期的自然环境和使用环境的双重作用下，其功能将逐渐减弱，这是一个不可逆转的客观规律，如果能够科学地评估这种损伤的规律和程度，及时采取有效的处理措施，可以延缓结构损伤的进程，以达到延长结构使用寿命的目的。钢结构房屋由于结构的先天缺陷及恶劣使用环境引起的结构缺陷和损伤，设计标准使用要求的改变，都将导致原结构可靠性的改变，有时经过检测加固后才能保证功能的正常使用及保证功能改变的顺利进行。钢结构的损伤检测主要包括以下几个方面。

（1）几何量检测　裂缝的检测包括裂缝出现的部位（分布）、裂缝的走向、裂缝的长度和宽度。观察裂缝的分布和走向，可绘制裂缝分布图。裂缝宽度的检测主要用10～20倍读数放大镜、裂缝对比卡及塞尺等工具。裂缝长度可用钢尺测量，裂缝深度可用极薄的钢片插入裂缝，粗略地测量，也可沿裂缝方向取芯或用超声仪检测。判断裂缝是否发展可用粘贴石膏法，将厚10mm左右，宽50～80mm的石膏饼牢固地粘贴在裂缝处，观察石膏是否裂开；也可以在裂缝的两侧粘贴几对手持式应变仪的铜钉，用手持式应变仪量测变形是否发展。

（2）结构变形检测　测量结构或构件变形常用仪器有水准仪、经纬仪、锤球、钢卷尺、棉线等常规仪器以及激光测位移计、红外线测距仪、全站仪等。结构变形有许多类型，如梁、屋架的挠度，屋架倾斜，柱子侧移等需要根据测试对象采用不同的方法和仪器。测量小跨度的梁、屋架挠度时，可用拉铁丝的简单方法，也可选取基准点用水准仪测量。屋架的倾斜变位测量，一般在屋架中部拉杆处，从上弦固定吊锤到下弦处，测量其倾斜值，并记录倾斜方向。

（3）结构材料性能检测　对钢材性能检测主要是指裂纹、孔洞、夹渣等，对焊缝主要是指夹渣、气泡、咬边、烧穿、漏焊、未焊透以及焊脚尺寸不足等，对铆钉或螺栓主要是指漏铆、漏检、错位、错排及掉头等。

8.3　钢结构损伤检测方法

钢结构损伤检测技术可分为局部损伤检测方法和基于振动的损伤检测方法两种。

8.3.1　局部损伤检测方法

局部损伤检测方法主要包括目测法、染色法、发射光谱法、回弹法、声发射法、渗漏试验法、射线法、脉冲回波法、磁粒子法、磁扰动法、涡流法等。绝大多数技术已经成功地应用于检查一定部件的裂缝位置、焊接缺陷、腐蚀磨损、松弛或失稳等。表8.1介绍了几种常见的局部损伤检测方法。

表 8.1　几种常见的局部损伤检测方法

损伤检测方法	适合缺陷类型	基本特点	适用结构
声发射诊断法	活动性缺陷	对缺陷的萌生和扩展进行动检测与监测	适用于各种工程结构,包括梁、刚架、板、水坝、桥墩等
超声波诊断法	表面与内部缺陷	速度快,对平面缺陷灵敏度高	适用于各种工程结构,包括梁、刚架、板、管道等,主要检验铸件和焊接件
射线诊断法	体积类缺陷,分散细小缺陷及表面缺陷	直观,灵敏度高	适用于各种工程结构,包括梁、刚架、板、管道等,主要检验铸件和焊接件
光学诊断法	体积类缺陷,表层细微缺陷	能以非接触方式对物体进行无损检测,对被测件要求低	适用于各种工程结构,尤其是在高温环境中的工程结构
涡流诊断法	表面积内部缺陷	速度快、直观	适用于各种金属结构件
磁粉诊断法	表面缺陷,表面细微缺陷	灵敏度、精确度和可靠性均与荧光磁悬液有关	适用于各种导磁性工程结构件
泄漏诊断法	容器、管道裂缝	方法简单,但灵敏度受限制	主要用于容器、管道的泄漏位置诊断
红外诊断法	表面与内部缺陷及无缺陷区表面温度变化,容器和管道裂缝	非接触,可远距离操作。检验仪器结构简单,使用安全,可建立自动检测系统	适用于各种工程结构,尤其是高温难以接近的工程结构

8.3.2　基于振动的损伤检测方法

通过结构的动力特性变化来对结构的整体性能进行损伤检测的方法,称为基于振动的损伤检测方法。该检测方法是对待检测结构系统进行激励,通过振动测试、数据采集、信号分析与处理后由系统的输入与输出确定结构的动力特性,根据结构系统的动力特性来反推结构的质量、刚度等物理特征。基于振动的结构损伤检测核心思想是模态参数(包括频率、模态振型、模态阻尼等)。由于模态参数是结构物理特性(质量、刚度等)的函数,只要结构系统的物理特性发生改变,必然会导致模态特性的改变,将结构系统的实测模态特性与健康结构的模态特性进行比较,来判断结构是否发生损伤。下面介绍几种基于振动的结构损伤检测方法。

8.3.2.1　基于小波变换的结构损伤检测方法

小波变换是近 20 多年来发展起来的一种新的强大的信号时频分析方法。小波分析方法是一种窗口大小固定但其形状可改变的时频局部化分析方法。在低频部分具有较高的频率分辨率和较低的时间分辨率，在高频部分具有较高的时间分辨率和较低的频率分辨率，被誉为"数学显微镜"。正是这种特性，使它具有对信号的自适应性，因而越来越广泛地被运用于实际工程。

小波变换的思想来源于伸缩与平移方法。小波分析方法的提出，最早源于 1910 年 Haar 提出的正交基。小波分析用于结构损伤识别，具有天然的优势：一方面，实际工程中结构的实测信号不可避免地混有噪声和干扰，小波变换可以同时在时域和频域对信号进行分析，区分信号中的有效成分和噪声干扰成分，实现信号消噪，完成信号预处理；另一方面，利用小波良好的时频分辨能力以及带通滤波性质可以使系统自动解耦，然后再从脉冲响应函数的小波变换出发识别模态参数。

（1）小波变换基本理论　小波（Wavelet），即小区域的波，是一种特殊的有限长度、平均值为 0 的波形。如果函数 $\psi(x) \in L(R^2)$ 满足

$$C_\psi = \int_0^\infty \frac{|\psi(\omega)|^2}{\omega} d\omega \tag{8.1}$$

则称 $\psi(x)$ 为基本小波或母小波，式中 $\psi(\omega)$ 是 $\psi(x)$ 的傅里叶变换。$\psi(x)$ 经过平移和伸缩可以得到一族小波基。

$$\psi_{(a,b)}(x) = \frac{1}{\sqrt{a}} \psi\left[\frac{(x-b)}{a}\right] \tag{8.2}$$

这里 a 为尺度因子，b 为平移因子，$a \in R_+$，$b \in R$ 且 $a \neq 0$，通常把连续小波中的尺度参数 a 和 b 平移因子离散化，取 $a = a_0^j$，$b = ka_0^j b_0$，在这里 j 和 $k \in Z$，步长 $a \neq 1$，通常取 $a > 1$，因此，对离散小波变换 $\psi_{j,k}(x)$ 可以写成

$$\psi_{j,k}(x) = a_0^{-\frac{j}{2}} \psi(a_0^{-j} x - kb_0) \tag{8.3}$$

离散小波系数变换可表示为

$$C_{j,k} = \int_{-\infty}^{+\infty} f(x)\psi_{j,k}(x)\mathrm{d}x = \langle f,\psi_{j,k}\rangle \tag{8.4}$$

通常取 $a=2$，$b=1$，则小波为

$$\psi_{j,k}(x) = 2^{-\frac{j}{2}}\psi(2^{-j}x-k) \tag{8.5}$$

（2）小波奇异性检测原理　如果一个函数 f 在 t_0 点不可微，则说明它在 t_0 点是奇异（故障信号）的，现将 Lipschitz（利普希茨）指数引申到 $0 \leqslant a < 1$，以度量函数的奇异性。

令 $0 \leqslant a < 1$，如果存在一个常数 C，使 $\forall t \in R$，则式（8.6）成立。

$$|f(t)-f(t_0)| \leqslant C|t-t_0|^a \tag{8.6}$$

如对 $\forall t \in [a,b]$ 和一个与 t_0 无关的常数 C，使得式（8.6）成立，则称 f 在区间 $[a,b]$ 是一致 Lipschitz α 的。α 的上界值称为 Lipschitz 的奇异性。

如 f 在点 t_0 可微，则其 Lipschitz 指数至少为 1，粗略地说，如 $a=1$，则式（8.6）可以改写为 $\left|\dfrac{f(t)-f(t_0)}{t-t_0}\right| \leqslant C$，当 $t \to t_0$ 时，不等式的左边实际上就是 f 在点 t_0 的一阶导数 $f'(t_0)$，取 $C \geqslant |f'(t_0)|$，则式（8.6）成立。

如 f 在点 t_0 不连续但在 t_0 的邻域有界，则其 Lipschitz 指数为 0。当 $a=0$ 时，式（8.6）成为 $|f(t)-f(t_0)| \leqslant C$，左面最多等于 f 在点 t_0 的跃度，取 C 等于或大于跃度，则式（8.6）成立。还可以将 Lipschitz 指数推广到负数的情况，并可以清楚地看出，Lipschitz 指数确实能在更一般的意义下定量地描述函数的奇异性。需注意，采用某种小波计算出来的 Lipschitz 指数越趋近于零，那么该小波对检测奇异信号越具有良好的效果。

8.3.2.2　基于柔度的结构损伤检测方法

对于一个结构系统来说，只要系统的运行状态发生了变化，就必定影响到与之相互联系的各个物理参量，损伤与各物理参量之间的关系强弱不同，只有那些与损伤关系紧密即对损伤敏感的物理参量才能被用于进行结构损伤检测。将这些对损伤敏感的物理参量叫作敏感参数，结构损伤检测的关键就是找到与损伤敏感的参数，柔度曲率幅值突变系数法就是对钢结构损伤敏感的一种损伤诊断方法。下面介绍其基本原理。

由模态分析可知，结构的刚度矩阵和结构的柔度矩阵可以用模态参数表示为

$$K = M\left(\sum_{i=1}^{N} \omega_i^2 \boldsymbol{\phi}_i \boldsymbol{\phi}_i^{\mathrm{T}}\right) M \tag{8.7}$$

$$F = \sum_{i=1}^{N} \frac{1}{\omega_i^2} \boldsymbol{\phi}_i \boldsymbol{\phi}_i^{\mathrm{T}} \tag{8.8}$$

式中，K 为结构刚度矩阵；F 为结构柔度矩阵；M 为结构质量矩阵；$\boldsymbol{\phi}_i$ 为质量归一的振型向量。

由式（8.7）和式（8.8）可以看出，模态参数对刚度矩阵的贡献与自振频率的平方成正比，因此，用实验模态参数较为精确地估计结构刚度矩阵，必须获得较高阶模态参数；相反，模态参数对柔度矩阵的贡献与自振频率的平方成反比，模态实验中只需获得较低阶模态参数，就可以较好地得到结构的柔度矩阵。

损伤结构（用下角 d 表示）的柔度矩阵为

$$F_{\mathrm{d}} = \sum_{i=1}^{N} \frac{1}{\omega_{\mathrm{d}i}^2} \boldsymbol{\phi}_{\mathrm{d}i} \boldsymbol{\phi}_{\mathrm{d}i}^{\mathrm{T}} \tag{8.9}$$

从数学上来看，曲率反映了函数随节点变化的剧烈程度，损伤单元的柔度曲率比无损伤单元的柔度曲率大。因此，柔度曲率较柔度差值更能反映结构损伤的位置。由有限元的中心差分法可以得到结构损伤前后的柔度曲率分别为

$$F'' = \frac{F_{i,j+1} - 2F_{i,j} + F_{i,j-1}}{(\Delta x)^2} \tag{8.10}$$

$$F_{\mathrm{d}}'' = \frac{F_{\mathrm{d}i,j+1} - 2F_{\mathrm{d}i,j} + F_{\mathrm{d}i,j-1}}{(\Delta x)^2} \tag{8.11}$$

式中，Δx 为相邻两计算点间的距离。

根据式（8.10）和式（8.11）就可以求出结构损伤前后的柔度曲率，比较损伤前后的柔度曲率就可以得到结构的柔度曲率差值，即

$$\Delta F'' = F_{\mathrm{d}}'' - F'' \tag{8.12}$$

结构的柔度差值曲率是基于柔度曲率产生的，结构发生损伤前后的柔度矩阵分别为 F 和 F_{d}，那么，柔度矩阵的改变量为

$$\Delta F = F_{\mathrm{d}} - F \tag{8.13}$$

柔度差值曲率表示为

$$\delta F_j'' = \frac{\delta F_{j+1} - 2\delta F_j + \delta F_{j-1}}{(\Delta x)^2} \tag{8.14}$$

在已知损伤结构柔度曲率的基础上，为了进一步明确柔度曲率和结构损伤之间的关系，可以导出柔度曲率幅值突变系数 α，该系数表示为

$$\alpha_{ij} = \left| \frac{F_{dij}''}{\dfrac{F_{di(j+1)}'' + F_{di(j-1)}''}{2}} \right| \tag{8.15}$$

式中，α_{ij} 为柔度曲率幅值突变系数；F_{dij}''、$F_{di(j+1)}''$、$F_{di(j-1)}''$ 分别为损伤点和相应的柔度曲率值。

8.3.2.3 基于神经网络的结构损伤检测方法

神经网络应用于结构损伤检测中是近几十年来十分活跃的应用领域之一。总体来说，神经网络之所以可以成功地应用于结构损伤检测领域，主要基于以下两个方面的原因。

① 神经网络对先验知识需求宽松，具有自学习、自适应、联想、记忆和模式匹配的能力。训练过的神经网络能存储有关过程的知识，能直接从定量的历史损伤信息中学习。可以根据对象的正常历史数据训练网络，然后将此信息与当前测量数据进行模式匹配与比较，从而确定损伤的状态。

② 神经网络具有滤除噪声和在有噪声的情况下得出正确结论的能力。训练好的神经网络能在有噪声的环境中有效地工作，实时性、鲁棒性强。这种滤除噪声的能力使得神经网络特别适合于在线损伤识别和健康检测。

目前，基于神经网络的损伤识别方法已经研究得越来越深入。在损伤识别中采用神经网络方法有两种途径：一种是直接利用神经网络完成损伤模式的分类和损伤状态的估计；另一种是将神经网络与其他损伤识别方法相结合，神经网络作为整个损伤识别系统中的某个子系统完成所需的特殊功能。

神经网络用于结构损伤识别的基本思想：神经网络用于损伤识别主要是利用神经网络模式识别功能，而模式识别就是将理论分析得到的损伤模式特征库与实测的模式进行匹配。应用人工神经网络技术进行结构损伤识别的一般过程如下。

① 选定一种网络模型，并选择对结构损伤敏感的参数作为网络的输入向量，结构的损伤状态作为输出。对结构进行正问题分析，获得结构不同

损伤状态下的动力特性，据此构造神经网络的学习样本，建立损伤分类样本集。

② 将学习样本送入神经网络进行训练，建立输入参数与结构损伤状态之间的映射关系，得到用于结构损伤识别的神经网络。

③ 对损伤识别目标结构进行测试，获得结构动力特性参数，并按照输入参数的具体情况进行处理，输入神经网络进行损伤识别，得到结构的实际损伤状态信息。

8.3.2.4 其他结构损伤检测方法

除上述几种结构损伤检测方法外，应用较多的诊断方法还有基于固有频率变化的损伤检测、基于振型变化的损伤检测、基于振型曲率变化的损伤检测、基于残余力向量的损伤检测、基于压电阻抗的损伤检测等，在此就不一一赘述。

8.4 钢结构加固基本方法

8.4.1 改变结构计算图形的加固方法

改变结构计算图形的加固方法是指采用改变荷载分布状况、传力途径、节点性质和边界条件，增设附加杆件和支撑、施加预应力、考虑空间协同工作等措施对结构进行加固的方法。

改变结构计算图形的加固过程（包括施工过程）中，除应对被加固结构承载力和正常使用极限状态进行计算外，尚应注意对相关结构构件承载能力和使用功能的影响，考虑在结构、构件、节点以及支座中的内力重分布，对结构（包括基础）进行必要的补充验算，并采取切实可行的合理构造措施。采用改变结构计算图形的加固方法，设计与施工应紧密配合，未经设计允许，不得擅自修改设计规定的施工方法和程序。采用调整内力的方法加固结构时，应在加固设计中规定调整内力（应力）或规定位移（应变）的数值和允许偏差，及其检测位置和检验方法。

改变结构计算图形的一般方法如下。

（1）增加支撑或辅助构件加固法

① 增加支撑，以增加结构的空间刚度，从而使结构可以按空间结构进行验算，挖掘结构的潜力，如图 8.2 所示。

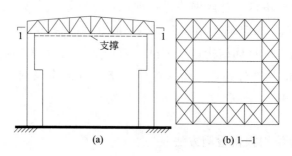

图 8.2　增加支撑系统

② 加设支撑增加结构刚度，或调整结构的自振频率等以提高结构承载力和改善结构动力特性，如图 8.3 所示。

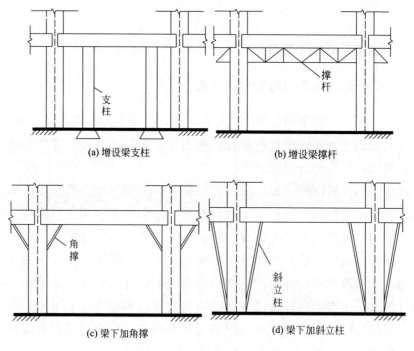

图 8.3　增加支撑杆件

③ 增设支撑或辅助杆件使构件的长细比减少以提高其稳定性，如

图 8.4 所示。

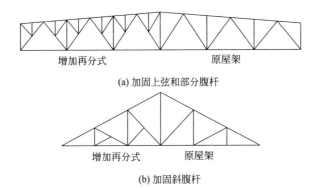

(a) 加固上弦和部分腹杆

(b) 加固斜腹杆

图 8.4　用再分杆加固桁架

④ 在排架结构中重点加强某一列柱的刚度，使之承受大部分水平力，以减轻其他柱列负荷，如图 8.5 所示。

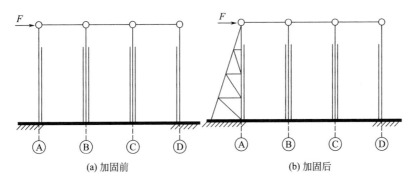

(a) 加固前　　　　　　　　　　(b) 加固后

图 8.5　加强某一列柱刚度

（2）改变构件的弯矩图形加固法

① 改变荷载的分布，例如将一个集中荷载转化为多个集中荷载。

② 改变端部支承情况，例如变铰接为刚接，参见图 8.6。

③ 增加中间支座或将简支结构端部连接成为连续结构，参见图 8.7。

④ 调整连续结构的支座位置，改变连续结构的跨度。

⑤ 将构件改变为撑杆式结构，如图 8.8 所示。

（3）对桁架可采用下列改变其杆件内力的方法进行加固

① 增设撑杆变桁架为撑杆式构架，如图 8.9 所示。

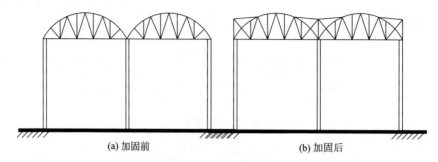

(a) 加固前　　　　　　　　　　　　(b) 加固后

图 8.6　柱顶（屋架支座）处由铰接改变为刚接

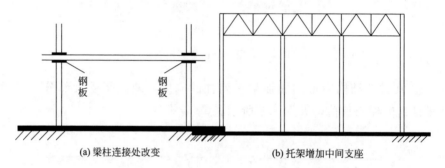

(a) 梁柱连接处改变　　　　　　　　(b) 托架增加中间支座

图 8.7　连接或支座处由铰接改变为刚接

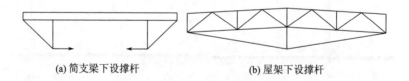

(a) 简支梁下设撑杆　　　　　　　　(b) 屋架下设撑杆

图 8.8　构件变为撑杆式结构

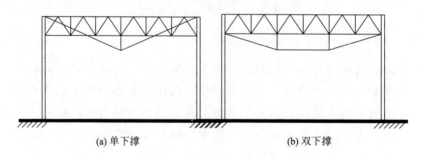

(a) 单下撑　　　　　　　　　　　　(b) 双下撑

图 8.9　桁架下设撑杆

② 加设预应力拉杆，参见图 8.10。

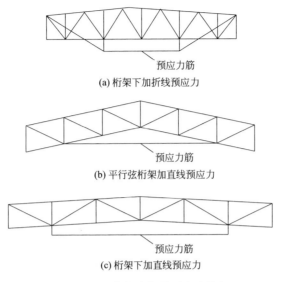

(a) 桁架下加折线预应力

(b) 平行弦桁架加直线预应力

(c) 桁架下加直线预应力

图 8.10 在桁架中加设预应力拉杆

（4）使加固构件与其他构件共同工作或
形成组合结构进行加固 例如使钢屋架与天
窗架共同工作，如图 8.11 所示，在钢平台
梁上增设剪力键使其与混凝土铺板形成组合
结构等。

（5）施加预应力加固

① 在结构中设置拉杆或适度张紧的拉
索以加强结构的刚度，如图 8.12 所示。

② 对受弯构件施加预应力，如图 8.13 所示。

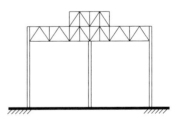

图 8.11 使天窗架与屋架连
成整体共同受力

（6）框架有主副跨时的加固 可通过改变主、副跨之间的连接来加强
其中某一跨，由刚接改为铰接可使主跨得到加强，由铰接改为刚接可使副
跨得到加强，如图 8.14 所示。

8.4.2 增大构件截面加固法

增大构件截面的加固方法涉及面广，施工较为简便，尤其在满足一定
前提条件下，还可在负荷状态下加固，因而是钢结构加固中最常用的方法。
增大构件截面加固方法有两种：一种是增大截面焊接或螺栓加固法；另一

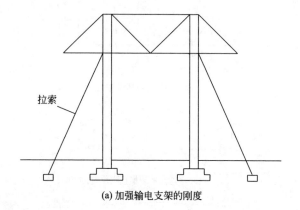

(a) 加强输电支架的刚度

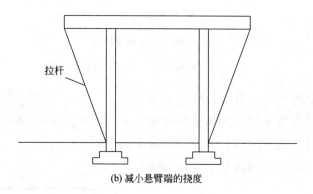

(b) 减小悬臂端的挠度

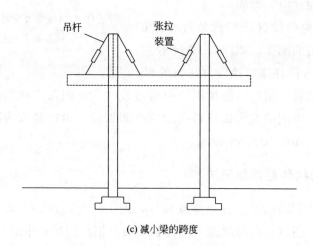

(c) 减小梁的跨度

图 8.12　设置拉杆加强结构刚度

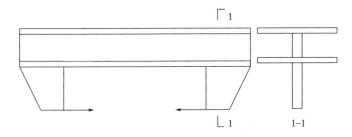

图 8.13　板梁施加预应力加固

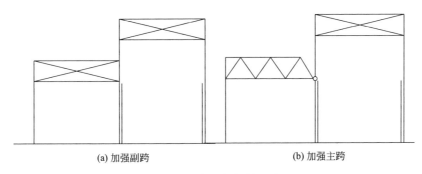

(a) 加强副跨　　　　　　　　　　　　(b) 加强主跨

图 8.14　加强框架某一跨

种是粘贴钢板或纤维增强复合材料加固法。

8.4.2.1　增大截面焊接或螺栓加固法

加大构件截面加固方法中最基本的方法是增大截面焊接或螺栓加固法。采用此方法加固钢构件，应考虑构件的受力情况及存在的缺陷，在方便施工、连接可靠的前提下选取最有效的截面增加形式，所选截面形式应有利于加固技术要求并考虑已有缺陷和损失的状况。图 8.15～图 8.18 给出了各类受力构件的一些截面加固形式，可供设计时参考。

增大截面焊接或螺栓加固法计算的一般规定如下。

① 在完全卸荷的状态下，采用加大截面的方法加固钢结构时，构件的强度和稳定性，按加固后的截面用与新结构相同的方法依照《钢结构设计标准》（GB 50017—2017）的规定进行计算。

② 在负荷状态下，采用加大截面的方法加固钢构件时，原结构中的承载应有不少于 20% 的富余。加固后构件承载力的计算应根据荷载形态分别

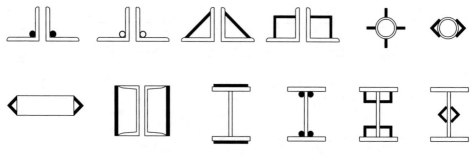

图 8.15　受拉构件的截面加固形式

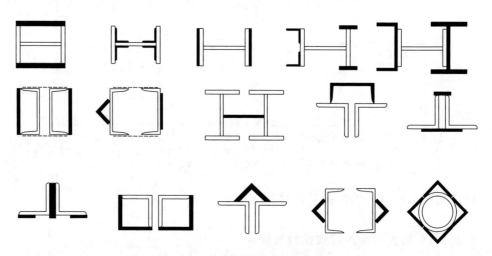

图 8.16　受压构件的截面加固形式

进行。对于承受静力荷载或间接承受动力荷载的构件，一般情况可根据原有构件和加固件之间的内力重分布的原则，按加固后的截面进行承载力计算。

③ 负荷状态下采用加大截面的方法进行加固时，其加固计算应根据原有构件的受力状态，钢材强度设计值应乘以加固折减系数 k。轴心受力的实腹构件取 $k=0.8$，偏心受力和受弯构件及格构式构件取 $k=0.9$。

《钢结构加固技术规范》（CECS 77：96）将被加固构件根据使用条件划分为四类设计工作条件，加固折减系数在不同设计工作条件下取值不同。

a.轴心受力构件加固后，应考虑构件截面形心偏移的影响。当形心轴的偏移值小于截面高度时，一般可忽略其影响。

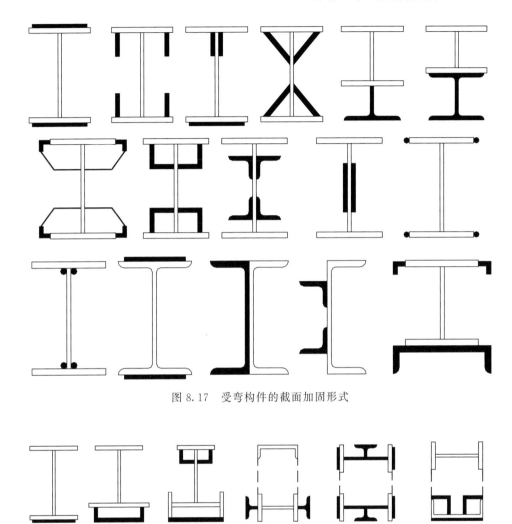

图 8.17　受弯构件的截面加固形式

图 8.18　偏心受力构件的截面加固形式

　　b. 加固后的受弯构件和偏心受力构件，不宜考虑截面的塑性发展，可按边缘纤维屈服准则进行计算。

　　c. 动力荷载作用下，构件的加固计算应分别按加固前后两个阶段进行，并应遵守下列规定：稳定计算分别按加固前和加固后的截面取用稳定系数；可不考虑加固折减系数；必要时应对其剩余疲劳寿命进行专门研究和计算。

　　d. 静力荷载作用下，加固后构件的稳定计算，可按加固后的截面取用稳定系数，同时应考虑加固折减系数。

增大截面焊接或螺栓加固法的构造与施工要求如下。

① 采用加大截面的方法进行加固，应保证加固构件有合理的传力途径；有保证加固件与原有构件共同工作的相互连接；对于轴心受力和偏心受力构件，加固件宜与原有构件的支座（或节点）有可靠的连接。

② 加固件的布置应适应原有构件的几何形状或已发生的变形情况，以利于施工。但也应尽量不用引起截面形心偏移的形式，难以避免时，应在加固计算中考虑形心轴偏移的影响。

③ 尽量减少加固施工的工作量。无论原有结构是栓接结构还是焊接结构，只要钢材具有良好的可焊性，应尽可能采用焊接方式补强。

④ 当采用焊接补强时，应尽可能减少焊接工作量及注意合理的焊接顺序，以降低焊接变形和焊接应力，并竭力避免仰焊。在负荷状态下焊接时，应采用较小的焊接尺寸，并应首先加固对原有构件影响较小、构件最薄弱和能立即起到加固作用的部位。

⑤ 加大截面的加固构造不应过多削弱原有构件的承载力：a. 采用螺栓或高强度螺栓连接时，在保证加固件能够和原有构件共同工作的前提下，应选用较小直径的螺栓或高强度螺栓，并尽量采用高强度螺栓；b. 采用焊接连接时，应尽量避免采用与原有构件应力方向垂直的焊缝，如做不到这些，则应采取专门的技术措施和施焊工艺，以确保结构施工的安全；c. 轻钢结构中的小角钢和圆钢杆件不宜在负荷状态下进行焊接，必要时采取适当措施；d. 圆钢拉杆严禁在负荷状态下用焊接方法加固。

⑥ 加大截面加固结构构件时，应保证加固件与被加固件能够可靠地共同工作、断面的不变形和板件的稳定性，并且要可施工。加固件的切断位置应尽可能减小应力集中并保证未被加固处截面在设计荷载作用下处于弹性工作阶段。

⑦ 在负荷下进行结构加固时，其加固工艺应保证被加固件的截面因焊接加热、加钻、扩孔洞等所引起的削弱影响尽可能地小，为此必须制定详细的加固施工工艺过程和要求的技术条件，并据此按隐蔽工程进行施工验收。

⑧ 在负荷下进行结构构件的加固，当构件中的名义应力不小于 $0.3f_y$，且采用焊接加固件加大截面法加固结构构件时，可将加固件与被加固件沿全长相互压紧；用长 20～30mm 的间断（300～500mm）焊缝定

位焊接后，再由加固件端向内分区段（每段不大于 70mm），所需要的连接焊缝，依次施焊区段焊缝应间歇 2～5min，对于截面有对称的成对焊缝时，应平行施焊；有多条焊缝时，应交错顺序施焊；对于两面有加固件的截面，应先施焊受拉侧的加固件，然后施焊受压侧的加固件；对于一端为嵌固的受压杆件，应从嵌固端向另一端施焊，若其为受拉杆，则应从另一端向嵌固端施焊。

当采用螺栓（或铆钉）连接加固加大截面时，加固与被加固板件相互压紧后，应从加固端向中间逐次做孔和安装拧紧螺栓（或铆钉），以便尽可能减少加固过程中截面的过大削弱。

⑨ 加大截面法加固有两个以上构件的静不定结构（框架、连续梁等）时，应首先将全部加固与被加固构件压紧和点焊定位，然后从受力最大构件依次连续地进行加固连接。

8.4.2.2　粘贴钢板或纤维增强复合材料加固法

粘贴钢板加固法又称粘钢加固技术，是在钢结构表面用特制的建筑结构胶粘贴钢板，依靠结构胶使之黏结形成整体共同工作，以提高结构承载力的一种加固方法，属于一类特殊的增大截面加固法，如图 8.19 所示。该技术施工过程中不使用明火，不影响结构外形，所要求工作面小。

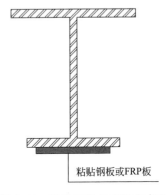

粘贴钢板或FRP板

图 8.19　粘贴钢板或 FRP 板加固

目前，国内部分学者对粘钢加固技术从试验研究、理论分析和数值模拟等角度开展了大量研究。卢亦焱等进行了 11 根圆形截面薄壁钢管粘钢加固试验，发现无论在线弹性阶段还是非弹性阶段，外粘钢板与薄壁钢管都能很好地协调工作；同时认为薄壁钢管外粘钢后，其结构形式由原来的单层壳变为由内管-胶层-外粘钢组成的组合结构，从而应用三层轻夹芯壳理论计算了粘钢后截面的等效刚度。隋炳强等开展了粘钢法全长加固钢管柱极限承载力研究，提出了粘钢加固轴压杆的计算方法。这些研究成果为粘钢加固的推广应用提供了有效参考。但是，由于加固件与被加固件连接截面的受力复杂，易发生层间开裂，且加固效果很大程度上取决于结构层胶能否长期正常发挥作用，该类加固方法在一定程度上受到了工程界的质疑。

纤维增强复合材料（FRP）具有优异的物理、力学性能，比如强度和比刚度高、抗疲劳性能和耐腐蚀性能好、现场可操作性强、施工周期短、不损伤原结构等，目前已广泛用于混凝土结构和砌体结构的加固中，其中常用的 FRP 有三种，即碳纤维增强复合材料（CFRP）、玻璃纤维增强复合材料（GFRP）和芳纶纤维增强复合材料（AFRP）。对于 FRP 加固钢结构，国内外研究起步较晚，案例较少，主要案例多为输电塔钢结构的抗屈曲加固。由于钢结构的强度和刚度高，因此采用强度和弹性模量相对较高的 CFRP 较为合适，而且除对钢管柱采用 FRP 布进行环向加固之外，宜采用板材对钢构件进行加固，如图 8.19 所示。

迄今为止，国内外学者对 FRP 加固钢结构已开展了大量研究工作。其中，国外的研究主要集中于改善受弯构件承载性能及疲劳加固方面。在国内，以国家工业建筑诊断与改造工程技术研究中心等为代表的科研机构，针对 FRP 加固受弯构件和受拉构件进行了较为系统的试验研究，近年来又开展了大量 FRP 抗屈曲加固钢构件的研究工作。对于 FRP 加固钢结构，需要注重关注 FRP 和钢结构之间的黏结性能，国内外学者对多种结构胶黏结的盖板搭接节点进行了试验研究，并对钢与 FRP 界面的受力机制进行了研究，得到了碳纤维布拉伸应变、黏结剪应力和有效黏结长度的计算公式。合肥工业大学完海鹰等还开展了 CFRP 布加固圆钢管和方钢管柱的静力试验和数值分析，为钢管构件的 FRP 加固设计提供了参考。此外，针对胶层对应力集中效应和温度的敏感性，应注意对 FRP 板端等应力集中位置采取合理的构造措施，并控制加固构件的服役环境温度不宜过高。

8.4.3 组合加固法

近年来，组合加固法在我国得到了较快的发展和应用，其中，利用组合结构的原理对混凝土结构进行加固的方法已经成功应用于许多实际工程之中。相比之下，利用组合结构的原理和方法对钢结构进行加固相对较少，但是从原理上而言完全可行。目前用于钢结构的组合加固法主要包括：内填混凝土加固法［图 8.20（a）］和外包混凝土加固法［图 8.20（b）］。内填混凝土加固法主要用于钢管构件，通常宜采取措施卸除或大部分卸除作用在结构上的荷载，但是在许多情况下初始荷载难以卸除，此时应考虑初应力水平对加固构件承载力的影响。采用外包混凝土加固法时，往往是由于钢构件承受荷载的水平较高，其他增大截面法已不适用。由于原构件承受较高的荷载水平，外包混凝土相对于原钢构件而言存在应力滞后现象，导致加固后构件与普通的劲性混凝土柱的受力性能存在差异，因此考虑高承载水平的加固后截面承载力设计方法需要重点研究。

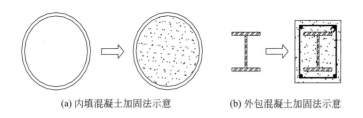

(a) 内填混凝土加固法示意　　　　(b) 外包混凝土加固法示意

图 8.20　组合加固法示意

为便于设计人员使用，两种组合加固法仍宜采用强度折减系数的概念对加固后截面的承载能力进行折减。

8.4.4　连接与节点的加固

加固中的连接问题一般有两种情况：原有连接因承载力不足而进行的加固（即连接的加固，包括节点的加固）；加固件与原有构件的连接。连接的加固和加固件的连接方法应根据加固的原因、目的、受力状态、构造和施工条件，并考虑原有结构的连接方法而确定。可采用铆接、焊接、高强度螺栓连接和焊接与高强度螺栓混合连接的方法，铆接连接的刚度最小（普通螺栓连接外），焊接连接刚度大、整体性好，高强度螺栓连接介于两者之间。加固连接方式选用必须满足既不破坏原结构功能，又能参与工作的要求。目前铆接由于施工繁杂已渐淘汰，焊接因不需要钻孔等工序往往被优先考虑选用，但焊接对钢材材性要求最高，在原结构资料不全、材性不明情况下，用焊接加固必须取材样复检，以保证可焊性。

（1）加固原则

① 钢结构加固连接方法，即焊缝、铆钉、普通螺栓和高强度螺栓连接方法的选择，应根据结构需要加固的原因、目的、受力状态、构造及施工

条件，并考虑结构原有的连接方法确定。

② 在同一受力部位连接的加固中，不宜采用刚度相差较大的，如焊缝与铆钉或普通螺栓共同受力的混合连接方法，但仅考虑其中刚度较大的连接（如焊缝）承受全部作用力时除外。如有根据，可采用焊缝和摩擦型高强度螺栓共同受力的混合连接。

③ 加固连接所用材料应与结构钢材和原有连接材料的性质匹配，其技术指标和强度设计值应符合《钢结构设计标准》（GB 50017—2017）的规定。

④ 负荷下连接的加固，尤其是采用端焊缝或螺栓的加固而需要拆除原有连接，以及扩大、增加钉孔时，必须采取合理的施工工艺和安全措施，并作核算以保证结构（包括连接）在加固负荷下具有足够的承载力。

（2）焊缝缺陷的修复　对于连接焊缝的缺陷应根据情况选用不同的修补措施。对于焊缝成形不良，可以采用下列修补措施：用车削、打磨、铲或碳弧气刨等方法清除多余的焊缝金属或部分母材，清除后所存留的焊缝金属或母材不应有割痕或咬边。清除焊缝不合格部分时，不得过分损伤母材；修补焊接前，应先将待焊接区域清理干净；修补焊接时所用的焊条直径要略小，一般不宜大于4mm；选择合适的焊接规范。

当焊缝中或焊缝的热影响区有裂纹时，必须及时修补。若承受静态荷载的实腹梁与翼缘的连接焊缝有裂纹时，可沿焊接裂纹界限各向焊缝两端延长50mm，将焊缝金属或部分母材用碳弧气刨等刨去，然后选择正确的焊接规范、焊接材料，并采取预热、控制层间温度和后热等工艺措施进行补焊。另外，也可采用补焊短斜板的方法进行加固。斜板的长度应超出裂纹范围以外，超出的距离应不小于斜板的宽度。此时焊缝的裂纹可不清除，但应在裂纹两端钻止裂孔，以防裂纹进一步扩展。

修补夹渣缺陷时，一般应用碳弧气刨将其有缺陷的焊缝金属除去，重新补焊。对于焊瘤的修补一般是用打磨的方法将其打磨光顺。超过规定的气孔，必须刨去后重新补焊。超过标准的未焊透缺陷应消除，消除方法一般采用碳弧气刨刨去有缺陷的焊缝，用手工焊进行补焊。对于承受静荷载的结构，经过使用后，若焊缝的这些缺陷并不导致严重的损坏，也可不予修理。

（3）焊缝连接的加固　采用焊缝进行加固一般适用于下列情况：一是原结构进行焊缝连接，或原结构虽不是焊缝连接，但加固处允许采用焊缝连接；二是使用焊接施工较方便时。焊缝加固应首先考虑增加焊缝长度来实现，其次考虑增加焊脚尺寸，或者同时增加焊缝长度和焊脚尺寸，或增加独立的新焊缝。如图 8.21 所示为节点连接加固。

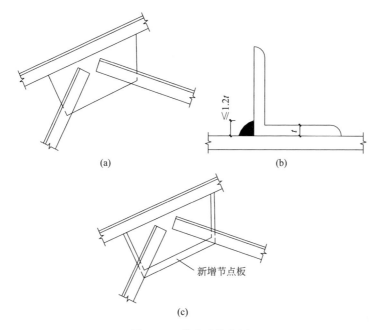

图 8.21　节点连接加固

腹杆只用侧焊缝连接于节点板时，可以加设端焊缝［图 8.21（a）］。如果加设端焊缝还不够，则可以加高原有焊缝（增加焊脚尺寸）。但加高焊脚只能在一定限度范围内，角钢肢尖焊缝最多不得超过角钢厚度，角钢肢背焊缝最多不得超过角钢厚的 1.2 倍［图 8.21（b）］。当增大焊脚尺寸有困难时，可以像图 8.21（c）那样在加大节点板的基础上再加长焊缝。

新增加固角焊缝的长度和焊脚尺寸或熔焊层的厚度，应由连接处结构加固前后设计受力改变的差值，并考虑原有连接实际可能的承载力计算确定，计算时应对焊缝的受力重新进行分析并考虑加固前后焊缝的共同工作、受力状态的改变。

焊接连接可以在卸荷状态下或负荷状态下用电焊进行。在完全卸荷状态下加固时，焊缝的强度计算和设计时相同，可按现行《钢结构设计标准》（GB 50017—2017）进行计算，而在负荷状态下用焊缝加固时，其承载力的计算如下。

$$\sqrt{\sigma_{\mathrm{f}}^2 + \tau_{\mathrm{f}}^2} \leqslant \eta_{\mathrm{f}} f_{\mathrm{f}}^{\mathrm{w}} \tag{8.16}$$

式中，σ_{f}、τ_{f} 分别为角焊缝有效面积计算的垂直于焊缝长度方向的应力和沿焊缝长度方向的剪应力；η_{f} 为焊缝强度影响系数，可按表8.2采用；$f_{\mathrm{f}}^{\mathrm{w}}$ 为角焊缝的强度设计值。

表 8.2　焊缝强度影响系数

加固焊缝总长度/mm	>600	300	200	100	50	≤30
焊缝强度影响系数 η_{f}	1.0	0.9	0.8	0.65	0.25	0

负荷下用焊缝加固结构时，应尽量避免采用长度垂直于受力方向的横向焊缝，否则应采取专门的技术措施和施焊工艺，以确保结构施工时的安全。

负荷下用增加非横向焊缝长度的办法加固焊缝连接时，原有焊缝中的应力不得超过该焊缝的强度设计值，加固处及其邻区段结构的最大初始名义应力对于仅承受静力荷载或间接动力荷载作用的结构不得超过 $0.55f_y$。对于直接承受动力荷载或振动荷载的结构不得超过 $0.4f_y$。焊缝施焊时采用的焊条直径不宜大于4mm，焊接电流不超过220A，每个焊道的焊脚尺寸不大于4mm，如计算高度超过4mm，宜逐次分层施焊；前一焊道温度冷却至100℃以下后，方可施焊下一焊道。对于长度小于200mm的焊缝增加长度时，首焊道应从原焊缝端点以外至少20mm处开始补焊，加固前后焊缝可考虑共同受力。

焊缝加固时，其承载力也可以采用如下的方法进行计算。

① 加长焊缝时的计算。

$$N \leqslant A_{\mathrm{w}}^0 f_{\mathrm{f}}^{\mathrm{w}} + \beta \Delta A_{\mathrm{w}}(f_{\mathrm{f}}^{\mathrm{w}} - 0.5\tau_{\mathrm{f}}^0) \tag{8.17}$$

式中，N 为连接的总承载力；A_{w}^0 为加固前焊缝的计算面积；ΔA_{w} 为加固后新延长焊缝的计算面积；τ_{f}^0 为加固前焊缝的计算剪应力；β 为应力分布系数，当加固前仅有侧焊缝时 $\beta = 1.0$，当加固前既有侧焊缝又有端焊缝时 $\beta = 0.7$。

② 加焊端焊缝时的计算。

$$N \leqslant A_{\mathrm{w}}^0 f_{\mathrm{f}}^{\mathrm{w}} + \Delta A_{\mathrm{w}} f_{\mathrm{f}}^{\mathrm{w}} \tag{8.18}$$

③ 加大角焊缝焊脚尺寸时的计算。目前研究还不够充分，必要时可通过试验测定承载力。在缺乏试验条件时可按式(8.19)计算。

$$N \leqslant 0.8 h_{\mathrm{e}}^{\mathrm{w}} l_{\mathrm{w}} f_{\mathrm{f}}^{\mathrm{w}} \tag{8.19}$$

式中，h_e^w 为加固后角焊缝的有效厚度；l_w 为角焊缝的计算长度。

对于这种焊缝还需进一步补充验算，验算在加固施焊阶段的承载力。

$$N_0 \leqslant h_e^0(l_w - l_1)f_f^w \qquad (8.20)$$

式中，N_0 为加固时连接中的内力；h_e^0 为加固前角焊缝原有的有效厚度；l_1 为加固时由于焊接加热而退出工作的长度，其值可由表8.3查得。

表8.3　施焊时退出工作的焊接长度　　　　　单位：mm

角焊缝焊脚尺寸		被焊零件厚度		
加固前	加固后	12＋8	16＋10	20＋12
6	8	29	23	21
7	9	31	24	22
8	10	34	25	23

（4）螺栓和铆钉连接的加固　铆接连接节点不宜采用焊接加固，因焊接的热过程，将使附近铆钉松动、工作性能恶化；再者焊接连接比铆接刚度大，两者受力不协调，而且往往被铆接钢材可焊性较差，易产生裂纹。铆接连接仍可用铆钉连接加固或更换铆钉，但铆接施工繁杂，且会导致相邻完好铆钉受力性能变弱（因新加铆钉紧压程度太强，影响到邻近完好铆钉），削弱的结果甚至可能不得不将原有铆钉全部换掉。铆接连接加固的最好方式是采用高强度螺栓，它不仅简化施工，且高强度螺栓工作性能比铆钉可靠得多，还能提高连接刚度和疲劳强度。

当用摩擦型高强度螺栓部分更换结构连接的铆钉，从而组成高强度螺栓和铆钉的混合连接时，应考虑原有铆钉连接的受力状况，为保证连接受力的均匀，宜将缺损铆钉和与其相对应布置的非缺损铆钉一并更换。摩擦型高强度螺栓与铆钉混合连接时，其承载力按共同工作考虑。

原有螺栓松动、损害失效或连接强度不足需要更换或新增时，应首先考虑采用相同直径的高强度螺栓连接。其次，如果钢材的可焊性满足要求，也可采用焊接。对于直接承受动力荷载的结构，高强度螺栓应采用摩擦型螺栓。

用高强度螺栓更换有缺陷的螺栓或铆钉时，可选用直径比原钻孔小1～3mm的高强度螺栓。承载力不能满足要求时，在满足强度和构造要求的前提下可扩大螺栓孔径，采用螺栓直径提高一级。

当在负荷下进行结构加固时，需拆除结构原有的螺栓、铆钉或增加、扩大钉孔时，除应设计计算结构原有构件和加固件的承载力外，还必须校核板件的净截面强度。

采用焊接连接加固普通螺栓或铆钉连接，不考虑两种连接共同工作，应按焊接承受全部作用力计算，但不宜拆除原有连接件。

采用焊缝与高强度螺栓混合连接时，新加焊缝的承载力与原有高强度螺栓的承载力比值宜大于或等于 0.5。连接的内力可由高强度螺栓和焊缝共同承担。

（5）加固件的连接　为加固结构而增设的板件（加固件），除需有足够的设计承载力和刚度外，还必须与被加固结构有可靠的连接，以保证两者良好地共同工作。

加固件的焊缝、螺栓、铆钉等连接的计算可按《钢结构设计标准》（GB 50017—2017）的规定进行。但计算时，对角焊缝强度设计值应乘以 0.85，其他强度设计值或承载力设计值应乘以 0.95 的折减系数。

（6）构造与施工要求

① 焊缝连接加固时，新增焊缝应尽可能地布置在应力集中最小、远离原构件的变截面以及缺口、加劲肋的截面处；应该力求使焊缝对称于作用力，并避免使之交叉；新增的对接焊缝与原构件加劲肋、角焊缝、变截面等之间的距离不宜小于 100mm；各焊缝之间的距离不应小于被加固板件厚度的 4.5 倍。

② 对用双角钢与节点板角焊缝连接加固焊接时（图 8.22），应先从角钢一端的肢尖端头 1 开始施焊，继而施焊同一角钢另一端 2 的肢尖焊缝，再按上述顺序和方法施焊角钢的肢背焊缝 3、4 以及另一角钢的焊缝 5～8。

③ 用盖板加固受动力荷载作用的构件时，盖板端部应采用平缓过渡的构造措施，尽可能地减少应力集中和焊接残余应力。

④ 摩擦型高强度螺栓连接的板件连接接触面处理应按设计要求和《钢结构设计标准》（GB 50017—2017）及《钢结构工程施工质量验收规范》（GB 50205—2001）的规定进行，当不满足要求时，应征得设计人员同意，进行摩擦面的抗滑移系数试验。

⑤ 结构的焊接加固，必须由有较高焊接技术级别的焊工施焊。施焊镇静钢板的厚度不大于 30mm 时，环境空气温度不应低于 15℃；当厚度超过 30mm 时，温度不应低于 0℃；当施焊沸腾钢板时，应高于 5℃。

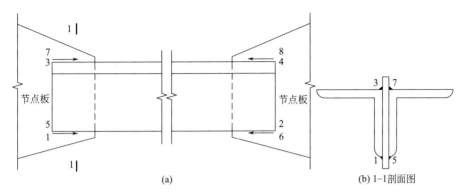

图 8.22　双角钢与节点板连接的施焊过程示意

8.5　本章小结

① 钢结构产生损伤的原因有钢结构失稳、疲劳破坏、脆性破坏、火灾及腐蚀。

② 钢结构损伤检测的主要内容有几何量检测、结构变形检测、结构材料性能检测。钢结构损伤检测技术可分为局部损伤检测方法和基于振动的损伤检测方法两种。其中，局部损伤检测方法主要包括目测法、染色法、发射光谱法、回弹法、声发射法、渗漏试验法、射线法、脉冲回波法、磁粒子法、磁扰动法、涡流法等；基于振动的损伤检测方法包括基于小波变换的结构损伤检测方法、基于柔度的结构损伤检测方法、基于神经网络的结构损伤检测方法以及其他结构损伤检测方法。

③ 钢结构加固的基本方法有改变结构计算图形的加固方法、增大构件截面加固法、组合加固法以及连接与节点的加固方法。

参考文献

[1]　朱宏平.结构损伤检测的智能方法 [M]. 北京：人民交通出版社，2009.

[2]　袁颖，周爱红. 结构损伤识别理论及其应用 [M]. 北京：中国大地出版社，2008.

[3]　李爱群，丁幼亮. 工程结构损伤预警理论及其应用 [M]. 北京：科学出版社，2007.

[4]　初少凤.钢结构大气腐蚀机理及影响因素分析 [J]. 建筑建材装饰，2015 (6)：163-164.

[5]　张悦，杜守军，张丽梅.小波奇异性在钢结构损伤检测中的应用 [J]. 河北科技大学学报，2010，

  31（4）：151-157.

[6] 孙荣玲，韩应军.钢结构损伤检测与加固［J］.山西建筑，2007，33（8）：85-86.

[7] 武永彩，刘浩.基于神经网络的平面钢桁架结构损伤识别研究［J］.国外建材科技，2007，28：85-88.

[8] 张丽梅，杜守军.基于柔度的钢桁架损伤识别方法［J］.振动工程学报，2004，17（8）.

[9] 张丽梅，陈务军，杜守军.钢桁架结构损伤检测的柔度曲率幅值突变系数法［J］.东南大学学报，
  2005，35（7）：134-138.

[10] Kijewski T，Kareem A. Wavelet transform for system identification in civil engineering. Computer-
  Aided Civil and Infrastructure Engineering，2003，18（5）：339-55.

[11] Hou Z，Noori，AMAND R S. Wavelet-based approach for structural damage detection［J］. J En-
  grg Mech，2000，126（7）：677-683.

[12] Doebling Scott W，Farrrar Charles R，Prime Miehael B. A Summary Review of Vibration- based
  Damage Identification Methods［J］. Shock and Vibration Digest，1998，30（2）：1-34.

[13] Torrnce C，Compo G P. A practical guide to wavelet analysis［J］. Bulletin of the American Mete-
  orological Society，1998，79（1）：61-78.

[14] 张霞.认识钢结构的防腐蚀［J］.四川建材，2009，35（5）：22-23.

[15] 王元清，宗亮，施刚，等.钢结构加固新技术及其应用研究［J］.工业建筑，2017，47（2）：
  1-6.

[16] 卢亦焱，陈莉，高作平，等.外粘钢板加固钢管柱承载力试验研究［J］.建筑结构，2002，32（4）：
  43-45.

[17] 卢亦焱，刘兰，陈莉，等.外粘钢加固钢管技术的数值模拟［J］.武汉大学学报：工学版，2005，
  38（1）：112-116.

[18] 隋炳强，邓长根，罗兴隆.粘钢法全长加固钢管柱极限承载力研究［J］.山东建筑大学学报，
  2011，26（5）：420-424，435.

[19] Miller T C，Chajes M J，Mertz D R，et al. Strengthening of a Steel Bridge Girder Using CFRP
  Plates［J］. Journal of Bridge Engineering，ASCE，2001，6（6）：514-522.

[20] Rajan Sen，Larry Liby，Gray Mullins. Strengthening Steel Bridge Sections Using CFRP Laminates
  ［J］. Composites：Part B，2001，32：309-322.

[21] Tavakkolizadeh M，Saadatmanesh H. Strengthening of Steel-Concrete Composite Girders Using
  Carbon Fiber Reinforced Polymers Sheets［J］. Journal of Structural Engineering，ASCE，2003，
  129（1）：30-40.

[22] 杨勇新，岳清瑞，彭福明.碳纤维布加固钢结构的黏结性能研究［J］.土木工程学报，2006，39
  （10）：1-5，18.

[23] 张宁，岳清瑞，杨勇新，等.碳纤维布加固钢结构疲劳试验研究［J］.工业建筑，2004，34（4）：
  19-21，30.

[24] CECS 77：96.钢结构加固技术规范［S］.北京：中国计划出版社，1996.

[25] GB 50017—2017.钢结构设计标准［S］.北京：中国建筑工业出版社，2018.

[26] GB 50205—2001.钢结构工程施工质量验收规范［S］.北京：中国标准出版社，2002.